地球大数据科学工程

数据共享蓝皮书（2019）

Report on Data Sharing of Big Earth Data Science Programme
（2019）

郭华东　主编

科 学 出 版 社
北　京

内 容 简 介

本书是在分析国内外科学数据共享的发展现状，并总结中国科学院A类战略性先导科技专项“地球大数据科学工程”数据工程规划、建设及共享服务成果的基础上编写而成的。本书共五章，主要内容包括：开放科学数据发展概述；地球大数据科学工程的数据资源规划；地球大数据科学工程的数据共享体系；地球大数据开放共享进展；总结与展望。

本书可供地球科学、环境、生物、生态等学科领域的科研人员、科学数据工程建设的科技和管理工作人员、教育工作者及研究生等使用参考。

图书在版编目（CIP）数据

地球大数据科学工程数据共享蓝皮书. 2019/ 郭华东主编. —北京：科学出版社，2020.7

ISBN 978-7-03-065711-4

Ⅰ. ①地… Ⅱ. ①郭… Ⅲ. ①全球环境－研究报告－2019 Ⅳ. ① X21

中国版本图书馆CIP数据核字（2020）第127178号

责任编辑：韦 沁 韩 鹏 / 责任校对：张小霞
责任印制：肖 兴 / 封面设计：黄华斌

科学出版社 出版
北京东黄城根北街16号
邮政编码:100717
http://www.sciencep.com
北京汇瑞嘉合文化发展有限公司 印刷
科学出版社发行 各地新华书店经销
*
2020年7月第 一 版 开本：787×1092 1/16
2020年7月第一次印刷 印张：9 3/4
字数：231 000

定价：138.00元

（如有印装质量问题，我社负责调换）

《地球大数据科学工程数据共享蓝皮书（2019）》
编　委　会

前　　言

科学大数据是推动科研创新的强力引擎，是数据密集型科研时代的硬通货，也是通向未来科学研究范式的重要桥梁。地球大数据，作为科学大数据的重要组成部分，既具有大数据的一般性质，又具有很强的时空关联和物理关联。地球大数据资源建设，致力于推动地球科学的学科建设发展，同时在环境、资源、灾害等领域具有广泛的社会意义与价值。

2018 年是我国科学数据资源建设发展的关键一年。首部国家层面的《科学数据管理办法》于 3 月颁布，明确了由政府资助生产的数据资源遵循“开放为常态”的基本原则，为各学科门类科学数据资源的建设与发展提供了最权威、最前沿的管理规范。国际层面，近二十年来数据隐私权保护方面最为严格的《通用数据保护法案》（General Data Protection Regulation，GDPR）历时四余年终于落地实践。

中国科学院 A 类战略性先导科技专项“地球大数据科学工程”（CASEarth）（以下简称“专项”）于 2018 年 1 月 1 日正式立项，执行期为 5 年。专项致力于构建包含资源、环境、生物、生态等多个领域的大数据与云服务共享平台，重点开展数字“一带一路”、全景美丽中国、生物多样性与生态安全、三维信息海洋和时空三极环境等方面的基础与应用研究，建设国际领先的数字地球科学平台，推动地球大数据领域的技术创新与地球系统科学的重大突破和科学发现，实现全方位宏观决策支持和社会公众知识传播服务，为“一带一路”、“数字中国”、人类命运共同体和联合国可持续发展目标等国内外重大战略提供科技支撑和决策支持。

地球大数据科学工程的数据资源规划主要包括对地观测数据、地理资源数据、生态系统地面观测数据、生物多样性与生态安全数据、大气数据、海洋数据、三极区域集成数据、“一带一路”区域集成数据、联合国可持续发展目标实现支撑数据九个主要维度。固体地球科学（地质、地球物理、地球化学等）数据资源将分阶段进行建设。

2018 年起，项目组研制了以《专项数据共享管理办法》为主线的数据管理与共享政策和措施，形成专项 2018 ～ 2022 年数据共享任务清单，预计 2022 年数据量将达到 17PB。与此同时，在数据标准规范研制，研发数据共享服务系统，同步推进专项数据质量评估与优质数据分批对外开放共享等工作。2019 年 1 月 15 日，地球大数据共享服务平台正式对外发布，共享数据总量约 5PB。之后，随着硬件条件研发不断成熟，平台数据将陆续上线共享，并且每年将以 3PB 的数据量进行更新。

本书即在上述背景下展开，主要内容包括：

第一章“开放科学数据发展概述”，明确了研究对象（即科学大数据与地球大数据）及其特征，总结归纳了开放科学数据的国内外发展态势，重点分析了开放数据的政策体系、责任主体及实践模式。在此基础上，介绍了本书所依托的地球大数据科学工程专项的研究背景及本书的撰写目的和意义。

第二章“地球大数据科学工程的数据资源规划”，从对地观测数据、地理资源数据、生态系统地面观测数据、生物多样性与生态安全数据、大气数据、海洋数据、固体地球科学数据、三极区域集成数据、“一带一路”区域集成数据、联合国可持续发展目标支撑数据 10 个维度进行详细阐释。

第三章“地球大数据科学工程的数据共享体系”，更进一步明确为实现地球科学大数据资源建设积累与开放共享所需的共享原则、共享政策与保障机制、配套的数据共享基础设施建设、标准规范的研制、数据资源质量控制及数据资源管理关键技术研发等方面的工作进展。

第四章“地球大数据开放共享进展”，依托项目总体建设规划，总结了截至 2019 年 11 月专项数据资源建设和共享服务的基本情况。

第五章“总结与展望”，立足于专项建设实践经验，提出盘活数据资产价值、提升数据工程建设水平、加强数据治理体系建设、创新数据服务模式及坚持制度和技术并重等五个方面建议，力促在专项内乃至行业领域等更大范围实现数据价值增值与良性数据共享生态系统营建。

目　录

地球大数据科学工程

数据共享蓝皮书（2019）

Report on Data Sharing of Big Earth Data Science Programme（2019）

第一章

开放科学数据发展概述

1.1 科学大数据与地球大数据

科学大数据，正在成为科学发现的新型驱动力，并逐步引起有关国家和科技界的高度重视。欧盟提出的“科学是一项全球性事业，而科研数据是全球资产”理念、国际组织联合发布的“大数据环境下开放数据的协议”、美国提出的“通过国际科技合作促进政府资助项目科学数据开放共享的原则”、英国启动的“数据科研之春”计划、加拿大实施的“三大资助机构关于数字化数据管理原则”等，均聚焦从海量和复杂数据中获取知识的能力，深入研究基于大数据价值链的创新机制，倡导大数据驱动的科学发现模式。大数据的影响已触及自然科学、人文社会科学和工程科学的各个研究领域，领域大数据研究中心陆续成立。

地球大数据是一种典型的科学大数据，是具有空间属性的地球科学领域大数据，数据来源涵盖空间对地观测数据，陆地、海洋、大气及与其他人类活动数据（郭华东，2018a）。地球大数据具有海量、多源、多时相、异构、多尺度、非平稳等大数据的基本特征，同时具有很强的时空关联和物理关联。地球大数据的诸多特征对地球科学的学科建设发展起到重大推动作用，同时面向社会环境、资源、灾害等广泛领域具有重要的科研和经济社会价值（郭华东，2018b）。

以下，将简要介绍开放科学数据的国内外发展态势。在此基础上，详细阐释本书立足地球大数据科学研究的背景与资源，以及相关数据管理、开放共享研究与实践工作。

1.2 开放科学数据的国内外发展态势

1.2.1 开放数据的政策体系

国际上一系列组织机构发布了面向开放科学、开放数据的相关政策，如经济合作与发展组织（Organization for Economic Co-operation and Development，OECD）的《科研政策获取原则和指南》（2004 年、2007 年）、地球观测组织（Group on Earth Observations，GEO）的《十年数据共享原则》（2005 ～ 2015 年、2016 ～ 2025 年）、联合国教科文组织（United Nations Educational, Scientific and Cultural Organization，UNESCO）的《开发

和推广开放获取政策指南》（2012 年）、八国集团（G8）的《开放政府宪章》（2013 年）、欧盟的《面向 2020 开放数据政策》（2014 年）及《实施 FAIR 数据原则》（2017 年）。在国家层面，包括要求开放数据“最低限制”的英国科研数据共享政策、“完全与开放”的美国研究数据共享政策及我国 2018 年 3 月颁布的《科学数据管理办法》等。部分典型国家、区域的开放科研数据政策详细介绍如下。

1. 开放数据“最低限制”的英国科研数据共享

英国在科学数据共享领域一直走在世界前列。早在 2005 年 6 月，英国研究理事会（UK Research Councils，RCUK）发布《英国研究理事会对获取研究结果的立场声明》，明确由公共基金支持的研究结果（包括研究数据）应能够被研究团体和其他人访问和利用；2011 年 4 月，颁布《英国研究理事会数据政策通用原则》，强调公共资助项目的研究数据应该以最少的限制，及时全面地得到公开利用。此外，在英国，积极探索和落实科学数据开放共享政策的机构还包括英国国际发展部（Department for International Development，DFID）、英国气象局（UK Meteorological Office，UKMO）、英格兰高等教育资助理事会（Higher Education Funding Council for England，HEFCE）、英国大学联合会（Universities UK，UUK）、惠康基金会（Wellcome Trust）、英国医学研究理事会（Medical Research Council，MRC）及一些英国大学、其他研究机构等（表 1.1）。

表 1.1 英国科学数据开放共享政策

政策制定者	政策名称	颁布时间
英国国际发展部（DFID）	DFID 开放和增强的研究获取政策和实施指南	2013 年 1 月
英国气象局（UKMO）	开放研究数据政策	2014 年 11 月
英国研究理事会（RCUK）、英格兰高等教育资助理事会（HEFCE）、英国大学联合会（UUK）、惠康基金会	开放研究数据协议	2016 年 7 月
英国医学研究理事会（MRC）	MRC 关于临床试验和公共健康干预研究的开放数据政策	2016 年 10 月
埃克塞特大学（University of Exeter）	开放获取研究与研究数据管理政策	2013 年
布里斯托大学（University of Bristol）	开放研究管理与开放数据政策	2015 年 10 月
伦敦大学金史密斯学院（Goldsmiths University of London）	金史密斯学院开放获取声明	2016 年 3 月
法尔茅斯大学（Falmouth University）	开放获取研究与研究数据管理政策	2017 年

2.“完全与开放”的美国研究数据共享

美国是世界上科学数据拥有量最多且介入科学数据共享管理最早的国家之一。1991 年 7 月，美国总统行政办公厅科技政策办公室发布《全球变化研究数据管理政策声明》，要求实行“完全与开放”的科学数据共享政策。随着开放获取、开放科学运动在美国的崛起与快速发展，一些政府部门、研究资助机构、研究机构与出版机构开始制定相关科学数据开放共享政策（表 1.2）。

表 1.2　美国科学数据开放共享政策

政策制定主体	政策名称	颁布日期
美国总统行政办公厅科技政策办公室	全球变化研究数据管理政策声明	1991 年 7 月
	提高联邦资助科学研究成果获取	2013 年 2 月
美国公共科学图书馆（Public Library of Science，PLOS）	PLOS 数据可利用性	2014 年 3 月
美国国家航空航天局（National Aeronautics and Space Administration，NASA）	NASA 提高获取科学研究成果的计划	2014 年 12 月
	数据与信息政策	—
美国心脏病协会（American Hospital Association，AHA）	AHA 资助研究的开放科学政策声明	2015 年 1 月
国家海洋和大气管理局理事会（National Oceanic and Atmospheric Administration，NOAA）	NOAA 提高研究成果公共获取的计划	2015 年 2 月
美国国立卫生研究院（National Institutes of Health，NIH）	提高 NIH 资助的科学研究出版物和数字科学数据获取的计划	2015 年 2 月
美国国家科学基金会（National Science Foundation，NSF）	NSF 公共获取计划	2015 年 3 月
美国科学与技术理事会（National Science and Technology Council，NSTC）	促进访问联邦政府支持的国际科学合作中的科学数据和研究成果的原则	2016 年 12 月

这些探索促使美国科学数据开放共享政策体系日渐丰满，从宏观、中观、微观不同维度规范了科学数据的开放共享。这主要包括：①强调公共资助的科学数据应以合法合理的方式实现开放获取与共享；②要求制定科学数据管理计划，对科学数据的开放获取进行明确规划；③要求利用开放获取机构知识库实现科学数据的长期保存；④要求评估科学数据的保存与利用绩效；⑤要求提高科学数据的访问和互操作性；⑥明确科学数据开放获取的时间安排或时滞。

“完全与开放”的科学数据共享政策，使得曾一度各自为政的数据管理迈入有序运作的轨道，科学家从抱怨得不到数据走向数据共享，科学数据的开发水平和开发能力逐步提高，惠及地球科学、生命科学、材料科学等各个领域，也极大地刺激了美国经济的发展。

3. 欧盟开放数据

“面向欧盟 2020 愿景的开放科研数据先行计划”，明确了开放获取的定义，倡议以科学数据开放共享作为默认状态，同时对例外事项进行了明确。据欧洲开放数据门户的数据显示[①]，截至 2018 年 1 月，28 个欧盟国家中，已有比利时、塞浦路斯、捷克、丹麦、

① https://data.europa.eu/euodp/en/data/.

芬兰、法国、德国、立陶宛、荷兰、葡萄牙、斯洛文尼亚、西班牙、英国 13 个国家颁布了明确的开放科学与科研数据的政策；另有瑞典等 11 个活跃国家虽然暂未颁布国家级开放科学、开放数据政策。为了更进一步了解欧洲开放数据建设和发展情况，面向欧洲开放数据成熟度评价的国家评价从政策、门户、影响力、质量等方面展开，为更好地评估科学数据管理与开放的国家实践提供了现实评价方案。欧洲开放科学云框架的建设及 FAIR 数据生态环境的营建（Wilkinson *et al.*，2016）则将开放数据政策落在实处。

1.2.2　开放数据的责任主体

开放科学数据的责任主体包括国家、机构与科学家个人，而要真正推动开放数据走向成熟、使之融入科研共同体成为一类流行文化，则需要更广范围内利益相关者的共同努力。《大数据时代的数据开放（国际协定）》（Science International，2015）明确提出科学数据开放共享的十二条原则，并对科学工作者、研究机构和大学、出版商、资助机构、专业协会、学术团体和机构及图书馆、档案馆和存储库七大类相关利益者代表的权责进行了明确规范。

此外，国际与区域组织、国家及其行政机关等也是推动开放科学数据在更广泛范围内流动不可或缺的参与力量。

1.2.3　开放数据的模式实践

1. 按工作内容性质分

1）科学装置共享模式

科学装置是现代诸多领域取得重大突破的必要条件，以 500m 口径球面射电望远镜、北京正负电子对撞机、中国散列中子源等为代表的大型仪器设备及工程，源源不断生产和捕获超大规模数据资源以支持长期持续的科学技术活动（吴军，2016）。因研究目标宏大、研究问题复杂、研究成本高昂等，科学装置通常根据研究任务而产生原始数据，而后将原始数据和粗加工数据存储到指定的数据中心或服务系统。根据科学装置中数据的开放时限，可以将此类数据共享分为即时共享和延时共享两种。

2）监测网络共享模式

探测仪器、物联网设备等传感器网络的持续监测促进了科学数据的快速积累。监测网络体系庞大，参与数据资源收割、开放与服务的节点既相互联结，又自成体系，如总中心–分中心模式。以国家生态系统观测研究网络①为例，该网络建立了分布式的野外台站，

① http://www.cnern.org.cn/index.jsp.

2000 年后共集成 6.12GB 联网动态监测数据、全国气候值空间分布数据 20GB、陆地生态系统碳量循环监测数据约 2300GB（国家科技基础条件平台中心，2016）。

3）数据平台共享模式

专业数据平台为海量数据的存储和处理，尤其数据融合与数据传输共享等提供高效综合解决方案，为此，越来越多的科学数据开放平台日趋流行，如中国科学院数据云①、组学原始数据归档系统（GSA）②、地理空间数据云（GSCloud）③，哈佛大学的 Dataverse④，北京大学图书馆的开放研究数据平台⑤等。

4）数据联邦共享模式

数据联邦通过多源数据融合提供统一资源服务（黄永文，2005）。联邦内各数据单元独立自治，同时通过一定的互惠合作实现更大规模的数据整合与共享。这在国际或区域范围内的数据组织中流行，如世界数据中心的数据网络等。

5）数据出版共享模式

数据出版指在数据发布过程中遵循数据质量管理和控制流程，使数据达到可发现、可获取、可互操作、可重用状态，从而实现数据增值（黄国彬等，2018）。例如，Nature Scientific Data、Earth System Science Data、中国数据科学、全球变化科学研究数据出版系统、Big Earth Data 等平台科学数据的开放共享与规范引用。

6）数据交易共享模式

数据交易，为数据经济价值实现提供媒介。根据交易对象，又可以进一步分为数据产品模式（如出售经过加工的数据集）、知识产品模式。根据数据所有者的组织形式，数据交易平台又可以分为数据专卖店和数据集市两种（李成赞等，2017），数据专卖店是指由集成化、统一化的单一主体提供单领域数据，如遥感集市（遥感数据）、钱塘大数据交易中心（工业数据）、百度 APIStore（API 接口数据）等数据交易平台；数据集市则为供需双方提供了交易场所，用户自主进行交互共享，如发源地、数粮等数据交易平台。

2. 按组织机构形式分

依托组织结构的不同形式，开放数据的模式探索又可分为国家政策驱动模式、部门交互模式、企业驱动模式、国际数据网络模式等。

1）政策驱动模式

美国是国家政策驱动模式的典型代表。根据投资来源的不同，政府严格区分两种不同的数据共享机制。其中，政府拥有、生产和资助生产的数据纳入“完全与开放”的共享机制中，即除涉及危害国家安全、影响政府政务和公务员个人隐私的数据外，其他都必须公开。国有科学数据由国家统筹规划数据共享机制与体系，提供数据共享工作预算

---

① http://www.csdb.cn/.
② https://bigd.big.ac.cn/gsa/.
③ http://www.gscloud.cn/.
④ https://dataverse.harvard.edu/.
⑤ https://opendata.pku.edu.cn/.

和保障，以及相关政策法规的制定、完善和监察。私营公司投资生产的数据纳入“平等竞争”市场化共享机制中。两种机制互相补充，促进全社会对科学数据的获取、共享和广泛应用。

2）部门交互模式

为避免重复生产，科研单位之间，在不侵犯知识产权的情况下，应打破孤岛实现数据共享。例如，浙江省地理空间数据交换平台项目目前是全国首家省级地理空间数据交换平台。该平台实现了浙江全省地理空间信息资源在各部门的交换与共享，已为近 30 家省级部门、市县用户和企事业单位提供相关地理信息服务，支持了 40 个业务应用系统。

3）企业驱动模式

发现和利用学术界和企业界的数据使用共性，有助于推动科学数据共享。例如，由企业出资参与科学合作项目的开发、科学资源共享平台的构建，以及企业自建的科学数据库等。

4）国际数据网络模式

越来越多的国际组织通过共建国际交流合作网络，实现数据资源更广范围内的互联互通。例如，世界数据中心（World Data Centers，WDC，1957 年成立），开展地球科学、空间科学和环境科学领域数据的收集、整理、系统化、标准化及交流服务等活动，还积极参与许多重大的国际科学计划，为人类科学事业的发展做出贡献。国际数据委员会（Committee on Data International Science Council，CODATA，1966 年成立）通过建立标准格式促进数据交换、共享，并协调各国数据项目，定期召开国际数据学术会议，提高国际社会对科学数据共享的广泛共识，深入探讨数据共享等学科问题，初步构建全球范围内的科学数据交换体系。

1.3 地球大数据科学工程研究概述

1.3.1 研究背景

中国科学院 A 类战略性先导科技专项“地球大数据科学工程”（CASEarth）于 2018 年 1 月正式立项，执行期 5 年。专项汇集了中国科学院及国内外 129 家机构、总计 1200 余名研究人员，致力于构建包含资源、环境、生物、生态等多个领域的大数据与云服务共享平台，重点开展数字“一带一路”、全景美丽中国、生物多样性与生态安全、三维信息海洋和时空三极环境等方面的基础与应用研究，建设国际领先的数字地球科学平台，推动地球大数据领域的技术创新与地球系统科学的重大突破和科学发现，实现全方位宏观决策支持和社会公众知识传播服务，为“一带一路”、“数字中国”、人类命运共同体和联合国可持续发展目标等国内外重大战略提供科技支撑和决策支持。

专项提出基于地球大数据的科技创新以促进可持续发展目标的实现（郭华东，2018c）。以地球大数据平台为基础，综合集成资源、环境、生态和生物领域的数据库、模型库和决策方法库，构建可持续发展评价指标体系和决策支持平台，对资源、环境、生态等方面的可持续性进行监测和评估，将地球大数据纳入联合国和我国的支撑可持续发展评价体系中，同时服务于我国的生态安全和资源安全保护工作。

专项主要由九个分项目构成，主要包括 CASEarth 小卫星、大数据云服务平台、数字“一带一路”、全景美丽中国、生物多样性与生态安全、三维信息海洋、时空三极环境、数字地球科学平台和 CASEarth 科学工程总体。

详细情况见附录 1。在此基础上，专项的最终目标是建成国际地球大数据科学中心，主要包括三个方面内容：

（1）构建全球领先的地球大数据基础设施：突破数据开放共享的瓶颈问题，实现资源、环境、生物、生态等领域分散的数据、模型与服务等的全面集成。

（2）形成国际一流的地球大数据学科驱动平台：探索大数据驱动、多学科融合的科学发现新范式，示范带动地球系统科学、生命科学及相关学科的重大突破。

（3）构建服务政府高层的决策支持系统：全景展示和动态推演“一带一路”可持续发展过程与态势，实现对全景美丽中国的精准评价与决策支持，为构建数字中国做贡献。

与此同时，专项面向数据共享全生命周期过程管理与评估，致力于推动专项共享数据发布与宣传推广。形成以《地球大数据科学工程专项数据共享管理办法》等为代表的一系列数据政策与管理制度综合体系、建设完成与专项配套协调的数据标准规范；研发并建成服务专项数据资源的数据质量检验系统、专项数据管理与共享服务评估系统；按需形成专项数据共享评估报告、共享数据质量检查报告、中国科学院数据共享专题报告、中国科学院数据共享蓝皮书等一系列研究成果。力争通过上述研究及工作，保障整个专项数据资源开放工作有章可循，开放规模持续增长，共享服务水平与质量稳步提升。

1.3.2 研究意义

当前，在我国乃至全球范围内，科学数据共享还普遍存在着共享政策不完善、资源分散、重复布局、成果显示度不够等情况，地球科学等学科领域内的数据共享能力建设亟待提升，海量数据的低效应用仍是我国乃至整个地球科学界面临的严峻问题和技术瓶颈。发展地球大数据将有利于解决地球科学领域内一系列重大的世界性科学问题。例如，我国科学家发起“数字丝路”国际科学计划（郭华东，2018d），已囊括 48 个国家及地区组织参与，结合地球大数据、构建空间评估指标体系，高效监测“一带一路”建设目标，有力推动联合国可持续发展目标中八个目标及其详细内容的整体推进，成为中国服务于联合国《变革我们的世界：2030 年可持续发展议程》的有力践行者。

本书通过对国内外科学数据管理与开放共享现状、地球大数据科学工程数据资源体系、现有数据资源状况、数据共享体系等方面的梳理工作，旨在全面提出科学、合理、可行的数据共享制度与政策，为我国科学大数据共享的机制体制建设提供参考。

参考文献

郭华东 . 2018a. 利用地球大数据促进可持续发展 . 人民日报 , 2018 年 07 月 30 日 (07 版)[2018-12-20]. http://paper.people.com.cn/rmrb/html/2018-07/30/nw.D110000renmrb_20180730_2-07.htm.

郭华东 . 2018b. 科学大数据驱动地学学科发展 . 科技导报 , 36(5): 1

郭华东 . 2018c. 地球大数据科学工程 . 中国科学院院刊 , 33(8): 818 ～ 824.

郭华东 . 2018d. 利用地球大数据促进可持续发展 . 新华网 [2018-12-20]. http://www.xinhuanet.com/ politics/2018-07/30/c_1123197009.htm.

国家科技基础条件平台中心 . 2016. 国家科学数据资源发展报告（2016）. 北京 : 科学技术文献出版社 : 17 ～ 18.

黄国彬 , 王舒 , 屈亚杰 . 2018. 科学数据出版模式比较研究 . 大学图书馆学报 , (1): 34 ～ 40, 33.

黄永文 . 2005. 基于数据库联邦方式的多数据源集成检索系统 . 现代图书情报技术 , (11): 57 ～ 60.

李成赞 , 张丽丽 , 侯燕飞等 . 2017. 科学大数据开放共享 : 模式与机制 . 情报理论与实践 , 40(11): 45 ～ 51.

吴军 . 2016. 可用于大科学装置的数据采集和信号处理系统的研究 . 合肥 : 中国科学技术大学 .

Swan A. 2012. Policy Guidelines for the development and promotion of open access. France: United Nations Educational, Scientific and Cultural Organization.

Science International. 2015. Open data in a big data world. Paris: International Council for Science (ICSU), International Social Science Council (ISSC), World Academy of Sciences (TWAS), Inter Academy Partnership (IAP).

Wilkinson M D, Dumontier M, Aalbersberg I J, *et al*. 2016. The FAIR Guiding principles for scientific data management and stewardship. Sci Data, 3: 160018. doi: 10.1038/sdata.2016.18.

地球大数据科学工程

数据共享蓝皮书（2019）

Report on Data Sharing of Big Earth Data Science Programme（2019）

第二章

地球大数据科学工程的数据资源规划

中国科学院 A 类战略性先导科技专项“地球大数据科学工程”，以建成具有全球影响力的国际地球大数据科学中心为目标，形成资源、环境、生物、生态等领域多学科融合、独具特色的地球大数据云服务平台，成为支撑国家宏观决策与重大科学发现的大数据重大科技基础设施（郭华东，2018a，2018b）。这个为期五年的科学工程项目最终将建成具有全球影响力、国际化、开放式的国际地球大数据科学中心，重点开展三个方面工作：①突破一系列技术瓶颈问题，形成多学科融合且独具特色的地球大数据云服务平台，成为支撑国家宏观决策与重大科学发现的大数据重大科技基础设施。②构建大数据驱动的、具有高度影响力的数字地球科学平台，全景展示和动态推演“一带一路”可持续发展过程与态势。③探索形成大数据驱动、多学科融合的科学发展新范式，力求在资源环境、海洋、三极、生物多样性及生态安全领域取得重大突破。

地球大数据资源的建设不是一蹴而就的，需要有系统的、持续地规划设计与分类分阶段实施推动，其首要面临的问题就是如何做好资源的分类架构设计。数据分类作为数据管理中必不可少的环节，国内外相关的地球系统科学数据共享机构都建有自己的分类体系。例如，在国际组织和不同国家部门方面，联合国粮食及农业组织（Food and Agriculture Organization of the United Nations，FAO）针对地球空间数据共享，建立了 GeoNetwork 共享网络，其数据分类体系包括行政边界、农业牲畜、应用生态、基础底图、遥感与地名、生物与生态资源、气候、渔业水产、林业、人类健康、水文与水资源、基础设施、土地覆盖与土地利用、人口与社会经济指标、土壤与土壤资源、地形等（FAO，2012）。美国国家海洋和大气管理局（National Oceanic and Atmospheric Administration，NOAA）建立的国家环境信息中心，建立了包括天气、气候、海洋、海岸和地球物理等领域的一级和二级分类体系（NOAA，2017）。美国地质调查局（United States Geological Survey，USGS）建立了地球科学数据目录，主要内容包括大气圈和气候、地质过程、地球特征、自然灾害、地球科学、自然资源、环境问题、海洋和海岸带、地理分析和制图、技术与方法、地理区域、出版物编号等。美国国家航空航天局（National Aeronautics and Space Administration，NASA）建立了地球观测资源数据目录，该分类以地球圈层结构为主线建立了包括大气、热量、人类、土地、生命、自然事件、遥感、积雪与冰、水等的分类系统（王卷乐等，2014）。美国国家官方一站式地球空间数据网站则按照数据集类型、标签、格式、分组、组织机构等维度，生成基于数据视图的展示分类。国际科学理事会（International Council for Science，ISC）世界数据系统（World Data System，WDS）创建了国际地球科学领域的数据共享门户，只提供数据检索界面，无明确的数据分类体系，其数据检索原型由德国的 PANGAEA 主持（王卷乐等，2014）。

在学科领域科学数据中心层面，德国布莱梅大学的 PANGAEA 集成地球系统科学海洋领域相关的共享资源，其数据共享目录包括：化学、海洋、岩石圈、生物、大气、古生物学、生态学、生物圈、地表、地球物理学、冰冻圈、湖泊与河流、人文因素、渔业、农业。美国哥伦比亚大学的地球科学信息国际共享网络以数据检索为主要业务功能，设计的主题分类包括农业、气候、保护、治理、风险、健康、基础设施、土地利用、海洋与海岸带、人口、穷困、遥感、可持续发展、城镇、水等。欧盟推出的地球科学空间信息基础设施平台提供根据数据来源、元数据语言、空间数据、专题分类、服务类型五个大类的搜索服务，注重总体上数据检索实效，但未构建完整系统的数据分类体系（王卷乐等，2014）。2002 年，作为中国科学数据共享工程首批试点之一的地球系统科学数据共享平台启动，其数据分类包含两级，其中一级类包含遥感数据、陆地地表、自然资源、大气圈、日地空间环境与天文、陆地水圈、海洋、古环境、极地、冰冻圈和固体地球（国家科技基础条件平台中心，2016）。

综上所述，目前国内外尚无统一的学科分类的标准体系，使用者通常根据分类的对象、标准、体系、目的等来制定满足其需求的分类系统。我国广泛使用的学科标准主要为国家标准《学科分类与代码（GB/T 13745–2009）》、《中国图书馆分类法》及国务院学位委员会《学位授予和人才培养学科目录》等。

地球科学主要包括地质科学、地理科学、大气科学、海洋科学、地球物理学、地球化学和近期兴起的地球系统科学。生物、生态学、环境科学等学科领域，严格来说，不属于传统意义上地球科学的范畴，但与地球科学交叉、融合比较明显，现在也被归于广义的地球科学范畴（张鸿翔等，2014）。根据地球大数据科学工程专项项目设置等实际情况，根据国家标准《学科分类与代码（GB/T 13745–2009）》，参考国际学科分类标准，对地球大数据科学工程的数据资源体系进行分类，力求科学、合理和实用。需要说明的是，按学科分类，遥感与地理信息系统属于地理学，但考虑到对地观测数据作为地球科学研究中广泛使用的一类基础性数据，本书将对地观测单独作为一类数据进行阐述，生态系统地面观测数据采取同样的处理方式。另外，“一带一路”、“三极”具有明显的地域特点，而联合国可持续发展目标实现支撑数据则综合性很强，在数据资源体系中也对它们分别进行归类阐述。

这样，在对国内外现状调研分析基础上，结合项目研究内容，地球大数据科学工程目前建设的数据资源主要包括对地观测数据、地理资源数据、生态系统地面观测数据、生物多样性与生态安全数据、大气数据、海洋数据、三极区域集成数据、“一带一路”区域集成数据、联合国可持续发展目标实现支撑数据九个主要维度内容，固体地球科学（地质、地球物理、地球化学等）数据资源将分阶段进行建设。

2.1 对地观测数据

历经半个多世纪的发展，航天、航空对地观测已经形成了强大的立体观测体系，人类能够利用空间对地观测技术持续不断地获取大量大气、海洋和陆地的高精度、高时空分辨率数据，具备了全球尺度遥感数据覆盖能力，可为地球科学研究提供直接观测数据和信息，为人类理解和认识地球系统做出贡献。

1. 陆地卫星

1）国外卫星发展现状

当前，国际上遥感卫星迅猛发展，逐渐形成了涵盖光学、雷达、激光测高、重力等多种类型传感器的探测能力，卫星系统已从单星系列逐步向星座甚至星群体系延展，卫星对地观测体系日趋成熟。其中，国外主流商业卫星如表 2.1 所示（详细介绍参见附录 2）。

表 2.1　国外主流卫星列表

光学卫星		国家	波段	分辨率 /m	幅宽 /km	发射时间
Planet Labs		美国	4× 多光谱	3（多光谱）	20	2017/2
Worldview-4		美国	全色 +4× 多光谱	0.31（全色） 1.24（多光谱）	13.1	2016/11/11
Worldview-3		美国	全色 +8× 多光谱 +8× 短波红外 +12×CAVIS	0.31（全色） 1.24（多光谱）	13.1	2014/8/13
Worldview-2		美国	全色 +8× 多光谱	0.46（全色） 1.84（多光谱）	16.4	2009/10/8
Worldview-1		美国	全色	0.5（全色）	17.6	2007/9/18
GeoEye-1		美国	全色 +4× 多光谱	0.41（全色） 1.65（多光谱）	15.2	2008/9/6
IKONOS		美国	全色 +4× 多光谱	0.82（全色） 3.28（多光谱）	11.3	1999/9/24
QuickBird		美国	全色 +4× 多光谱	0.65（全色） 2.62（多光谱）	16.8	2001/10/18
Landsat 系列	1/2/3	美国	4× 多光谱	78	185	1972/1975/1978
Landsat 系列	4/5	美国	6× 多光谱 +1× 热红外	30（多光谱） 120（热红外）	185	1982/1984
Landsat 系列	7	美国	全色 +6× 多光谱 +1× 热红外	15（全色） 30（多光谱） 60（热红外）	185	1999/4/15
Landsat 系列	8	美国	全色 +8× 多光谱 +2× 热红外	15（全色） 30（多光谱 30（热红外）	185	2013/2/11
MODIS		美国	36× 多光谱	250/500/1000	2330	1999/12/18

续表

光学卫星	国家	波段	分辨率 /m	幅宽 /km	发射时间
SPOT 系列 1/2	法国	全色 +3× 多光谱	10（全色） 20（多光谱）	60	1986/1990
SPOT 系列 4	法国	全色 +4× 多光谱	10（全色） 20（多光谱）	60	1998/4/24
SPOT 系列 5	法国	全色 +4× 多光谱	2.5/5（全色） 10（多光谱）	60	2002/5/4
SPOT 系列 6/7	法国	全色 +4× 多光谱	1.5（全色） 6（多光谱）	60	2012/2014
Pléiades-1A/B	法国	全色 +4× 多光谱	0.5（全色） 2（多光谱）	20	2011/11/17 2012/12/02
RapidEye	德国	5× 多光谱	5（多光谱）	77	2008/8/29
Sentinel-2A/B	欧洲空间局	13× 多光谱 +4× 近红外 +6× 短波红外	10（多光谱） 20（近红外） 60（短波红外）	290	2015/2017
CARTOSAT-1	印度	2× 多光谱	2.5（多光谱）	29/26	2005/5/5
CARTOSAT-2B	印度	全色	0.8（全色）	9.5	2010/7/12
KOMPSAT-3A	韩国	全色 +4× 多光谱 + 中红外	0.55（全色） 2.2（多光谱） 5.5（中红外）	12	2015/3/25
KOMPSAT-3	韩国	全色 +4× 多光谱	0.7（全色） 2.8（多光谱）	15	2012/5/18
ALOS	日本	全色 +4× 多光谱 +SAR	2（全色） 10（多光谱） 10/100（SAR）	60	2006/1/24
ENVISAT	欧洲空间局	图像模式 / 交替极化模式 / 宽幅模式 / 全球监测模式 / 波模式	10 ～ 1000	5 ～ 400	2002/3/1
Radarsat-2	加拿大	精细模式 / 标准模式 / 宽幅扫描模式 / 窄幅扫描模式	3 ～ 100	20 ～ 500	2007/12/14
TerraSAR-X	德国	聚束模式 / 条带模式 / 扫描模式	1/3/18	10/30/100	2007/6/15
Sentinel-1A/B	欧洲空间局	条带模式 / 干涉宽视场模式 / 超宽视场模式 / 波模式	5 ～ 20	20 ～ 400	2014/2016

2）国内卫星发展现状

与国际发展前沿相比，我国光学高分辨率测绘卫星技术尽管还存在一定差距，但差距在逐渐缩小，国内主流卫星见表 2.2（详细介绍参见附录 2）。在光学卫星方面，近年来国产卫星的传感器空间分辨率、敏捷机动能力、几何定位精度都有显著进步，卫星应用系统建设也稳步推进。我国的陆地遥感卫星主要包括“中巴”（CBERS）、“资源”（ZY）、“环境减灾”（HJ）、“高分”（GF）等，在轨运行卫星数量超过 15 颗。

表 2.2　国内部分卫星列表

卫星	波段	分辨率 /m	扫描带宽 /km	发射时间
高分一号	全色 +8× 多光谱	2（全色） 8/16（多光谱）	800	2013/4/26
高分二号	全色 +4× 多光谱	1（全色） 4（多光谱）	45	2014/8/19
高分三号	聚束模式 / 条带模式 / 扫描模式 / 波模式	1 ～ 500	5 ～ 650	2016/8/10
高分四号	5× 多光谱 + 中红外	50（多光谱） 400（中红外）	400	2015/12/29
高分五号	可见光 + 短波红外	30	60	2018/5/9
高分六号	全色 + 多光谱	2（全色） 8/16（多光谱）	90/800	2018/6/2
资源三号（ZY-3）	3× 全色 +4× 多光谱	2.1/3.6（全色） 5.8（多光谱）	52	2012/1/9
中巴地球资源卫星 CBERS-04	4× 全色 +8× 多光谱 +4× 红外	5（全色） 10/20（多光谱）	60/120/866	2014/12/7
环境卫星 HJ-1A/1B	4× 多光谱 + 高光谱 /4× 红外	30（多光谱） 100（高光谱）	700	2008/9
吉林一号	全色 + 多光谱	0.72（全色） 2.88（多光谱）	11.6	2015/10/7
珠海一号	32× 高光谱	1.98	150	2017/6/15

我国于 2010 年启动实施“高分辨率对地观测系统”重大专项，目前已经发射了高分一号、二号、三号、四号、五号和六号等卫星，2020 年前还将发射十余颗高分辨率遥感卫星，从而建成高空间、高时间、高光谱分辨率的对地观测系统。“高分二号”卫星的发射，标志着国产遥感卫星进入亚米级“高分时代”；2018 年 3 月成功发射的 2m/8m 光学卫星星座（“高分一号”02、03、04 卫星）作为我国首个自然资源业务卫星星座，在充分继承“高分一号”卫星成熟技术的基础上，突出高分辨率、宽覆盖、灵活观测等应用导向，

开启了我国自然资源调查监测和保护监管的新时代；2019 年发射的“高分七号”卫星是国家高分辨率对地观测系统的一颗亚米级测绘卫星。

此外，“北京二号”“吉林一号”“珠海一号”及“珞珈一号”等商业卫星的先后发射进一步丰富了我国地球大数据的资源体系，并使我国基本摆脱长期以来依赖国外遥感卫星资源的束缚。其中，“北京二号”是由三颗高分辨率小卫星组成的民用商业遥感卫星星座（DMC-3），属于中英合作项目；长光卫星技术有限公司发射的“吉林一号”星座（2015）由光学遥感主星、灵巧成像验证星、灵巧成像视频星（1 星和 2 星）组成，其中灵巧成像视频星是国内首个具备全彩视频拍摄能力的卫星，技术指标达到了较高水平；四维世景科技有限公司发射的 0.5m 级高分辨率商业遥感小卫星“高景一号”01、02 星（2016.12）和 03、04 星（2018.1），四颗卫星组网运营后，可实现全球任意地点每天 1～2 次重访。

2. 海洋卫星

“十五”以来，我国海洋卫星工程取得了长足发展，已成功发射两大系列共三颗海洋卫星。其中，2002 年发射第一颗海洋卫星，实现了我国海洋卫星零的突破，完成了海洋水色水温探测试验验证与试验应用任务。2007 年 4 月 11 日发射了我国第二颗海洋水色卫星（“海洋一号 B”，HY-1B），实现了海洋水色卫星由试验应用型向业务服务型的过渡。2011 年 8 月 16 日发射了我国第一颗海洋动力环境卫星（“海洋二号 A”，HY-2A），卫星的主要性能指标达到国际先进水平，填补了我国实时获取海洋动力环境要素的空白。此外，“海洋一号”（HY-1）卫星系列主要用于海洋水色环境数据监测，“海洋二号”（HY-2）卫星系列则侧重于海洋动力环境数据收割，“海洋三号”（HY-3）卫星系列关注海洋监视监测等方面的数据采集。2016 年 8 月 10 日，以海洋应用为主的“高分三号”卫星在太原卫星发射中心成功发射。预计到 2020 年，我国将研制与发射海洋水色卫星星座、海洋动力卫星星座和海洋监视监测卫星三个系列海洋卫星，并实现同时在轨组网运行、协同观测，基本建成系列化的海洋卫星观测体系、业务化的地面基础设施和定量化的应用服务体系。

3. 气象卫星

截止到 2018 年，我国已成功发射九颗地球静止气象卫星，其中四颗卫星 FY-2A、FY-2B、FY-2C 和 FY-2D 已停止工作。目前在轨运行，并提供应用服务的是“风云二号”四颗卫星 FY-2E、FY-2F、FY-2G、FY-2H 和“风云四号”的一颗卫星 FY-4A。2013 年 9 月 23 日，中国在太原卫星发射中心用“长征四号丙”运载火箭，将第三颗“风云三号”气象卫星成功发射升空，卫星顺利进入预定轨道。

4. CASEarth 的对地观测数据规划建设

目前地球大数据科学工程已规划设计的对地观测卫星数据主要包含国际陆地卫星

（Landsat、Sentinel、MODIS、GOES、GOSAT、OCO-2 等）和大气海洋卫星（NOAA、NSIDC 等）数据，以及国内主流光学卫星数据有高分系列卫星（GF-1、GF-2）、“资源三号”卫星和风云系列气象卫星（FY-2D）。“CASEarth 小卫星”作为地球大数据科学工程专项重要组成部分，其目标是 2021 年发射一颗中国科学院专属的地球科学空间卫星，包括热红外成像仪（分辨率 30m、一个波段、幅宽 300km）、城镇微光成像仪（分辨率 10m/40m、一个全色 + 四个多光谱波段、空间分辨率 300km）和近海多光谱成像仪（分辨率 10m、七个多光谱波段、空间分辨率 300km）（郭华东，2018a）。“CASEarth 小卫星”将以“人类痕迹”精细刻画为主旨，探索城市化水平与人居格局，近海生态环境及夜晚与极地月光条件下环境探测新方法与新途径，为地球大数据科学工程提供按需定制、自主可控、持续稳定可靠的数据保障。

2.2 地理资源数据

地理资源数据是指人类在开展地理和自然资源调查、利用、管理和科学、实验研究等过程中产生的基本数据，以及加工形成的数据产品和相关信息，包括基础地理、自然资源科学数据和社会资源科学数据。地理资源科学数据是开展地理资源科学研究和应用的重要基础，具有巨大的应用潜力和开发价值，同时能够在实践中指导资源开发、利用、配置和管理，也可以在其他领域的研究中协同使用。

1. 基础和自然地理数据

基础和自然地理数据指标要素包括自然区划（包括流域分区、生态地理分区、生态系统类型分区、气候类型分区等）、交通、土壤、地形、地貌等。其所用到的基本数据诸如全国县域 1：100 万地貌类型、中国地表坡度、中国地表坡向、中国高程图、中国湖泊分布、中国流域空间分布、中国土壤分布、中国主要生态功能保护区等。

地理区划。中国生态地理区域系统根据地表自然界地势特点和地貌结构的实际差异，温度水分状况的不同组合及地带性植被和土壤类型采用自上而下的演绎途径从高到低予以划分，将全国划分出 11 个温度带，21 个干湿地区和 49 个自然区。基于遥感解译获取的土地利用 / 土地覆盖数据，结合对各主要生态系统类型进行辨识和研究，目前我国已形成 1980 年、1990 年、1995 年、2000 年、2005 年、2010 年、2015 年、2018 年八期中国陆地生态系统类型空间分布图，包括农田生态系统、森林生态系统、草地生态系统、水体与湿地生态系统、荒漠生态系统、聚落生态系统和其他生态系统。

地形地貌。地貌主要通过海拔和坡向影响水热的再分配，进而对各类生态环境和生物的分布产生影响。在我国东部和南部，有各种各样以流水作用为主的侵蚀和堆积地貌；在干旱的西北，有以风力作用为主的沙漠景观；在西部高山上，以冰川作用的地貌为主；在西南部石灰岩分布地区，则分布着喀斯特地貌。中国地形复杂多样，地势西高东低，按形态可分为山地、高原、丘陵、盆地和平原五大类型。

湖泊流域。中国十大流域由松花江区、辽河区、西北诸河区、海河区、黄河区、长江区、淮河区、东南诸河、西南诸河区和珠江区流域构成。流域面积超过 1000km^2 的河流就有 1500 多条，全国径流总量达 27000 多亿 m^3，相当于全球径流总量的 5.8%。流域空间分布总体呈现南方盈余、向北向西水分亏缺的局面。我国目前共有 1.0km^2 以上的自然湖泊 2693 个，分布在 28 个省（自治区、直辖市），总面积 81414.6km^2，约占全国国土面积的 0.9%。近 30 年来，全国新生和新发现面积大于 1.0km^2 的湖泊分别共有 60 个和 131 个，原面积大于 1.0km^2 的湖泊消失 243 个。

土壤分布。土壤类别（主要为土壤 pH、有机质含量及植被类型）和土壤质地（由土壤粒度决定）决定了土壤水分的涵养能力，进而影响疫菌或其他对疫菌具有威胁性的生物生长和繁殖。土壤类别的排列反映了土壤的发育阶段，依据 FAO-90 土壤分类系统，以反映主要成土过程的 33 个诊断层和 25 个诊断特性为分类基础，同时考虑我国人为活动的影响、热带亚热带土壤分布、内陆土壤干旱性及青藏高原土壤的独特性，共分为 14 个土纲、39 个亚纲、138 个土类和 588 个亚类。在自然环境条件的综合作用下，我国土壤类型呈现为明显的水平和垂直地带性分布的特点。水平地带性表现为土壤随纬度或经度的变化呈有规律地分布，如随纬度由南向北更替为：砖红壤—赤红壤—红壤、黄壤—黄棕壤—棕壤、褐土—暗棕壤—寒棕壤，随经度由东向西更替为：黑钙土—栗钙土—棕钙土—灰钙土—灰漠土—棕漠土；垂直地带性则表现为随海拔变化呈有规律地分布。此外，土壤分布还具有一定的地域性，即非地带性分布特征，主要由区域性地形、地质、水文等自然条件的独特性所致，如盐碱土、水稻土、风沙土等，可与地带性土壤交叉分布。

气候类型。中国因其地域类型复杂，经纬跨度大等特征成为世界上气候类型种类繁多的国家之一，分为中亚热带、中温带、北亚热带、南亚热带、寒温带、暖温带、边缘热带、高亚寒带、高亚温带等 11 种气候类型。以中国 2015 年地表温度分布为例，中国年平均地表温度呈现西南及东北地区地表温度偏低，最低地表温度出现在中国黑龙江省及西藏自治区，温度达到 –20℃。西北及东南地区的地表温度则出现相反状况，其中最高地表温度出现在中国新疆地区，大于零上 40℃。

2. 水资源数据

根据世界气象组织（World Meteorological Organization，WMO）和联合国教科文组织有关水资源的定义，水资源是指可利用或有可能被利用的水源，这个水源应具有足够的数量和合适的质量，并满足某一地方在一段时间内具体利用的需求（WMO and UNESCO，2012）。水资源数据集包括：水资源本底数据集、水资源开发利用数据集、水资源消费数据集、中国 – 东南亚跨境河流水资源格局演变数据集、重点流域水资源开发利用数据集等。天然水资源包括河川径流、地下水、积雪和冰川、湖泊水、沼泽水、海水。按水质划分为淡水和咸水。水资源若按更新速度快慢，可将其分为静态水资源和动态水资源。静态水资源是指更新慢，水循环的交替期长（即水体全部更新一次所需的时间长）的水资源，如内陆湖泊、地下热水、深层基岩水等。动态水资源是指更新快，水循环交替期短的那部分水资源，这部分水资源由大气降水直接形成或补给，随降水的变化而变化，常称它为可恢复的水资源，如地表径流（江河、湖泊、水库等）和浅层地下水都是可恢复的动态水资源。

水资源数据主要包括以下四个部分：①水资源总量（亿 m^3）：指当地降水形成的地表和地下产水总量，即地表径流量与降水入渗补给量之和。②地下水资源量（亿 m^3）：指地下饱和含水层逐年更新的动态水量，即降水和地表水入渗对地下水的补给量。③地表水与地下水资源重复量（亿 m^3）：指地表水和地下水相互转化的部分，即天然河川径流量中的地下水排泄量和地下水补给量中来源于地表水的入渗补给量。④地下水供水总量（亿 m^3）：指水井工程的开采量，按浅层淡水、深层承压水和微咸水分别统计。城市地下水源供水量包括自来水厂的开采量和工矿企业自备井的开采量。

3. 土地资源数据

土地资源数据主要是指涵盖土地资源、土地权属、基本农田及土地监察等信息的数据，包括土地利用现状数据库、土地利用规划数据库、基本农田数据库、建设项目用地数据库、土地供应备案数据库、土地开发整理项目数据库、土地开发整理规划数据库、耕地储备数据库、土地利用遥感监测数据库、土地执法监察数据库等。

4. 植被资源数据

植被资源数据反映的是地球表面某一地区所覆盖的植物群落。以植物群落类型划分，可分为草甸植被、森林植被等，它与气候、土壤、地形、动物界及水状况等自然自环境要素密切相关。我国植被资源基础数据库，包括：高分辨率自然植被分布数据、自然植被功能关键参数（含生物量）数据；农业植被种植格局与产量数据。根据中国 1∶100 万植被类型空间分布数据，中国的主要植被类型包括 11 种类型。据此可将植被资源数据划分为：针叶林、针阔叶混交林、阔叶林、灌丛、荒漠、草原、草丛、沼泽、草甸、高山与栽培植被数据，以及植被区划数据、中国植被功能型数据等。

5. 能源资源数据

能源资源数据是指对现有能源资源的品位、储量和开发利用情况，以及资源对需求的保证程度所进行的统计。它可为制订能源方针政策和编制能源开发规划提供基础数据，包括水力统计数据、煤统计数据、石油统计数据、天然气统计数据和核资源统计数据。我国的能矿资源数据可以概括为大宗能矿本地数据集、大宗能矿资源开发利用数据集、大宗能矿资源消费数据集、大宗能矿资源利用与人口及社会经济的情景分析与模拟数据集等。

6. 矿产资源数据

矿产资源是指由地质作用形成的，具有利用价值的，呈固态、液态和气态的自然资源。由于研究角度不同，矿产资源数据的分类体系各异：①根据矿产的成因和形成条件，分为内生矿产、外生矿产和变质矿产；②根据矿产的物质组成和结构特点，分为无机矿产和有机矿产；③根据矿产的产出状态，分为固体矿产、液体矿产和气体矿产；④根据矿产特性及其主要用途，分为能源矿产、金属矿产、非金属矿产和水气矿产。

7. 旅游资源数据

旅游资源数据依据旅游资源的性状（即现存状况、形态、特性、特征）划分，包括地文景观数据、水域风光数据、生物景观数据、天象与气候景观数据、遗址遗迹数据、建筑与设施数据、旅游商品数据、人文活动数据。我国全域旅游资源本底数据库，是包含资源环境本底要素、人文历史环境要素、气候气象、风土人情、规划发展目标等的多层次、多维度旅游资源基础信息数据库（含全域旅游行业信息支撑的数据标准）。

8. 人文社会经济数据

社会经济数据主要指物质资源在开发、利用中所形成的五大物质生产部门的经济信息，即工业、农业、交通、商业、建筑等的经济数据等，其主要内容可以概括为以下三个方面。

（1）宏观数据：涉及经济总量的相关统计数据和指标，如国内生产总值（Gross Domestic Product，GDP）、投资、消费、进出口、财政收入、财政支出、货币发行（M0、M1、M2）、存款余额、贷款余额、居民人均收入、消费价格指数、人口劳动力就业率等。

（2）中观数据：即行业、部门数据，主要包括：①第一产业：农业、林业、牧业、渔业、农林牧渔服务业相关数据，有时也用农业来替代整个第一产业，例如，统计年鉴章节分类中有一章“农业”，指的就是整个第一产业；②第二产业：采矿业、制造业、电力燃气及水的生产供应业、建筑业，几大类内部又进一步细分，共计 45 个行业；③第三产业：交通运输仓储和邮政业、信息传输计算机服务和软件业、批发和零售业、住宿和餐饮业、金融业、房地产业、租赁和商务服务业、科学研究技术服务和地质勘察业、水利环境和公共设施管理业、居民服务和其他服务业、教育卫生社会保障和社会福利业、文化体育和娱乐业、公共管理和社会组织、国际组织（下面同样细分，共计 48 个行业）。

（3）微观数据：主要是统计调查数据，包括企业调查统计数据、住户调查统计数据，主要是针对某些特定的需求，在一定范围内，通过实地走访采访、问卷调查的形式获取的有关不同微观主体（企业、居民住户）的第一手数据资料。

2.3 生态系统地面观测数据

中国生态系统长期动态观测数据包括中国典型生态系统，即农田生态系统、森林生态系统、草地生态系统、荒漠生态系统、湿地生态系统、湖泊生态系统和海湾生态系统共44个定位生态站的水环境、土壤环境、大气环境、生物环境等方面的长期定位监测数据。这些数据经过各生态站、各学科分中心、综合中心的三级质量保证体系控制。同类型生态站按统一的标准配置仪器设备，并按统一的监测指标体系和操作规范进行观测、分析和试验；各学科分中心负责监测指标体系和技术规范的制定、仪器标定、数据质量控制等；综合中心是负责数据管理、数据库集成和共享服务的中心。

1. 气象要素观测数据

气象要素观测数据是分析生态系统植物群落光合作用、生产力及耗水特性等的必要数据，对于分析生态系统物质循环和能量过程具有十分重要的作用。农田、森林、草地、荒漠、湖泊、海湾、沼泽等生态系统按照《生态系统大气环境观测规范》，进行常规气象要素的人工观测、常规气象要素的自动观测与辐射量的自动观测。

常规气象要素人工观测数据主要包括气压、风、气温、湿度、降水、雪、霜、蒸发、地温、日照等。常规气象要素自动观测数据主要包括气压、风、气温、湿度、地温、降水等。辐射数据包括总辐射、反射辐射、净辐射、紫外辐射、光合有效辐射等。

2. 土壤要素观测数据

土壤长期观测的目标是针对我国农田、森林、草地、荒漠、湿地等主要生态系统，在不同的空间尺度下长期观测土壤结构、功能和重要生态学过程的长期变化。各类土壤要素观测指标包括与人类活动和全球变化相关的土壤肥力监测、土壤污染监测及对潜在盐渍化风险的地区土壤全盐量的监测。

土壤观测数据主要是土壤理化性质分析结果数据，分为表层和剖面两类数据。

土壤表层数据包括表层速效养分、表层土壤养分和酸度、表层土壤阳离子交换量和交换性阳离子含量、表层土壤容重及表层土壤可溶性盐等。其中，表层速效养分包括氨态氮、硝态氮、速效磷和速效钾含量等；表层土壤养分和酸度主要包括有机质、全氮、全磷、全钾及 pH；表层阳离子交换量和交换性阳离子包括交换性钙、镁（酸性土壤）和交换性钾、钙等。

剖面土壤理化数据主要有：有机质、全氮、全磷、全钾、pH、机械组成和容重等。

3. 生物要素观测数据

生物要素观测是指服务于生态系统研究的、对生态系统重要组分的观测，主要为植物群落组成与结构、植物群落物质生产与循环、植物群落动态、动物群落种类组成与结构、微生物种类组成与结构等方面的观测。

1）农田生态系统生物要素观测数据

包括与人类活动和全球变化相关的农业生产状况监测数据、用于全球变化研究的作物物候和作物叶面积与生物量动态监测数据、用于生物多样性监测的土壤动物和土壤微生物组成调查数据等。具体包括：农田环境要素、农田耕作制度、主要作物生育动态、主要作物叶面积指数与地上生物量动态、主要作物根生物量与根系分布、主要作物收获期植株形状、作物产量与产值、主要作物元素含量与热值、土壤微生物等。

2）森林生态系统生物要素观测数据

主要包括以下内容：

（1）植物种类组成、种类成分的数量特征、群落特征，具体包括乔木层种类组成与种群数量特征、灌木层种类组成与种群数量特征、草本层种类组成与种群数量特征、层间附（寄）生植物种类组成、乔木层群落特征、灌木层群落特征、草本层群落特征等。

（2）植物群落生物量、凋落物生物量、优势植物元素含量与热值等，具体包括乔木层生物量、灌木层生物量、草本层生物量；凋落物回收量季节动态、凋落物现存量；乔木层叶面积指数、灌木层叶面积指数、草本层叶面积指数；优势植物分器官全碳、全氮、全磷、全钾、全硫、全钙、全镁、热值。

（3）植物群落动态与物候，包括树种更新状况、优势植物或指示植物物候期等。

（4）鸟类种类与数量、大型野生动物种类与数量。

（5）土壤微生物生物量碳。

3）草地生态系统生物要素观测数据

主要包括植物群落种类组成与群落特征、群落地上生物量与地下生物量、优势植物元素含量与热值、优势植物或指示植物物候、蝗虫（毛虫）种类组成、啮齿动物种类组成、家畜种类组成、土壤微生物生物量碳等。

4）荒漠生态系统生物要素数据

包括灌木层种类组成与种群数量特征、草本层种类组成与种群数量特征、灌木层群落特征、草本层群落特征、灌木层生物量、草本层生物量；凋落物回收量季节动态、优势植物元素含量与热值、种子产量、土壤有效种子库、乔木和灌木层优势植物或指示植物物候、草本层优势植物或指示植物物候、短命植物生活周期、家畜种类与数量、土壤微生物生物量碳等。

5）湿地生态系统生物要素数据

主要有湿地植物群落种类组成与群落特征、群落地上生物量与地下生物量、优势植物元素含量与热值、优势植物或指示植物物候、迁徙鸟类调查、底栖动物群落调查、土壤微生物生物量碳等。

4. 水分要素观测数据

生态系统水分要素观测的目的是对生态系统水环境的特征、变化规律及与生态系统的关系进行观测，通过在一定空间区域内不同位置的野外定位观测，了解生态系统水分状况和水分运动规律，揭示生态过程与水文过程之间的关系和相互作用。

农田、森林、草地、荒漠、湿地生态系统水分要素观测数据分为水文要素和水化学要素两类。水文要素数据主要指直接描述和反映生态系统水分循环和水量平衡状况的数据，包括土壤含水量、地下水位和蒸散量等；水化学要素监测主要分析反映地下水和地表水水质状况，包括 pH、钙离子、镁离子、钾离子、钠离子、硫酸根离子、磷酸根离子、硝酸根离子、矿化度、化学需氧量（chemical oxygen demand，COD）、总氮、总磷等数据。森林生态系统水文要素数据还包括穿透降水量、树干径流量、枯枝落叶最大持水量数据。

5. 水域生态系统观测数据

水域生态系统包括湖泊生态系统和海湾生态系统两大类，这两类生态系统的野外科学观测研究站按照统一规范，长期监测我国主要类型区水域生态系统各组分的变化规律及影响水域生态系统结构功能演变的自然与人为因素，为国家水域生态系统健康及区域可持续发展和重大生态环境问题决策提供基础数据支撑。

监测指标包括水物理、水化学、水生物、水域底质分析四个方面，其中水物理包括湖泊或海湾生态系统的水温、水深、透明度、浊度、电导率或盐度、水下辐射、消光系数等监测指标，水化学包括湖泊或海湾生态系统的 pH、溶解氧、碱度、钾、钠、钙、镁、氯化物、硫酸盐、总磷、磷酸盐、总氮、硝酸盐氮、亚硝酸盐氮、铵氮、硅酸盐、化学需氧量、生化需氧量、总有机碳监测指标；水生物包括湖泊或海湾生态系统中浮游植物的种类组成、密度、生物量、初级生产力、叶绿素 a；以及浮游动物、底栖动物的种类组成、密度、生物量等指标；湖泊或海湾生态系统的水域底质分析指标包括 pH、氧化还原电位、含水量、粒度、总氮、总磷、有机质。

6. 生态系统服务功能评估数据

基于野外生态站长期定位观测数据，如野外生态站的气温、降水量、相对湿度、光合有效辐射、土壤体积含水量、枯枝落叶含水率、土壤有机碳密度、土壤机械组成、凋落物现存量、观测叶面积指数（leaf area index，LAI）、遥感植被指数（vegetation index，VI）、物候期、植被碳、碳分配系数、碳周转时间、物种多度、冠层截留率等观测数据和关键参数，可以估算生态系统服务功能，生产生态系统服务功能评估数据产品，具体包括：

1）中国典型生态系统生产力和固碳功能数据集

生产力和固碳功能数据产品生产主要采用基于数据同化和过程模型相结合的方法，实现地面观测、遥感、文献和模型的融合，实现不连续观测数据到长时间序列观测数据的重构。具体包括植被和土壤碳密度、总初级生产力（gross primary productivity，GPP）、净初级生产力（net primary productivity，NPP）和净生态系统生产力（net ecosystem productivity，NEP）指标。

2）中国典型生态系统水源涵养功能数据集

水源涵养和生物多样性功能数据产品主要采用基于观测数据的统计学方法。具体包括土壤蓄水量、综合蓄水量指标。

3）中国典型生态系统土壤保持功能数据集

土壤保持功能数据产品采用经验模型计算方法，将地面观测数据和遥感数据作为模型驱动数据，直接运行模型进行估算。包括潜在土壤侵蚀量、现实土壤侵蚀量、土壤保持量、土壤保持率指标。

此外，还包括森林生态系统的乔木层物种多样性数据集，涵盖物种多度、物种丰富度、Shannon-Wiener 指数、Pielou 指数、Simpson 指数等指标。

2.4　生物多样性与生态安全数据

生物多样性与生态安全项目计划整合生物多样性和生态安全研究领域的信息资源，通过基础和核心的科学数据集及产品工具，服务于生物多样性起源、演化、空间格局和应对全球变化等科学前沿问题的研究，生态文明建设、绿色发展、生态安全评价、生物多样性保护和利用等区域、国家和全球的决策过程及面向全社会的科学普及等活动。

生物多样性与生态安全数据规划包括古生物与古环境、物种多样性、遗传多样性与生物资源、植被与生态系统多样性、生物多样性监测、生物多样性保护和生态安全评价等方面的数据内容。

1. 古生物与古环境数据

古生物与古环境数据主要包括全球古生物数据、中国古生物数据、中国古气候与古环境数据三个部分内容。

1）全球古生物数据

全球古生物分类名录数据包含古生物系统分类体系、命名人、命名文献等系统数据；古脊椎动物和古人类数据包含全球古脊椎动物和古人类化石的地层学、测量学、相关文献和图片数据；化石标本数据包含化石的分类名称、地理位置、地层层位、模式标本的高分辨率照片等数据；化石产出记录数据包含化石产出地点、层位、岩石地层划分、化石名称等数据；剖面分布数据包含重要剖面的行政区和经纬度坐标等数据；古 DNA 数据包含全球古脊椎动物 DNA、年代学和相关文献数据。

2）中国古生物数据

古植物数据包含古植物的分类、名录、分布、形态特征、图版、标本（时间、地点、产地、馆藏等）、文献数据；古孢粉数据包含古孢粉的名录、分布、形态特征、图版、重要文献等；古脊椎动物三维数字形态包含对化石的高精度 CT 扫描数据。

3）中国古气候与古环境数据

中国古气候与古环境数据包含中国及邻区新生代古气候和古环境的数据，典型时期中国及邻区古气候与古环境演化图，获得对晚白垩世以来温室–冰室转换背景下中国气候–环境生态转型过程和模式的新认识。

2. 物种多样性数据

物种多样性数据主要包括物种多样性综合数据、动物物种数据、植物物种数据、物种鉴定与识别数据、生物安全数据五个部分内容。

1）物种多样性综合数据

中国生物物种名录包含物种学名、中文名、分布、俗名、文献等数据；生命百科为物种全要素信息，包括名称、分类系统、形态、生境、分布、图片、视频、声音、遗传信息等；生物地图包含动物、植物、微生物分布数据，按照地理信息的层次分级组织，形成物种的点分布数据、县级分布数据、省级分布数据等多个层次的图集；物种性状数据包含物种的长度、颜色、形状、生境等结构化的多维度特征数据，形成物种性状特征仓库；热点地区专题包含热点地区物种的性状、生境及气候、环境、人类影响等数据。

2）动物物种数据

动物物种数据包括动物的野外观测和调查报告、志书文献、生境、贸易等数据，鸟类迁徙的路线、时间等数据，动物行为分类和观测数据，动物标本的采集、鉴定、测量和照片数据。

3）植物物种数据

植物物种数据包括在线中国植物志，亚洲维管植物名录及分布，植物繁殖，植物分布，具有食用价值、药用价值、工业用材价值等的资源植物名录和特性，植物标本的采集、鉴定、测量和照片数据。

4）物种鉴定与识别数据

物种鉴定与识别数据包括用于动物、植物和菌物鉴定的图像、识别特征和系统检索表数据，通过 CT 扫描获取的昆虫和脊椎动物三维数字形态数据。

5）生物安全数据

生物安全数据包括入侵动物的名录、分布、入侵途径、识别特征图及危害症状等数据，入侵植物的编目、地理分布、形态特征描述、种子微形态特征和潜在分布预警图等数据，野生动物疫源疫病的样品采集地点、宿主动物种类、样品种类、分离的病原种类等。

3. 遗传多样性与生物资源

遗传多样性与生物资源数据主要包括组学数据、DNA 条码数据、野生动植物资源数据、人工培养和保藏的遗传资源数据四个部分内容。

1）组学数据

组学数据主要包括国内外生物物种的基因组、变异组、转录组、表观组数据，以及重要农作物、禽畜和实验动物，如水稻、小麦、狗、猪、鸡、小鼠和大鼠等的特色基因数据。

2）DNA 条码数据

DNA 条码数据包括常见生物物种 DNA 条码数据，重要动植物类群（如脊椎动物、高等植物等）DNA 条码数据，重要检疫物种及其近缘种 DNA 条码数据，及重要农作物、禽畜和实验动物，如水稻、小麦、狗、猪、鸡、小鼠和大鼠等的 DNA 条码数据。

3）野生动植物资源数据

野生动植物资源数据包含各类有经济和社会价值的野生动物、植物和菌物在自然环境下的分布、数量、现实利用量和通过评估计算的可利用量，它们的宏观和微观生物学特性、利用特点和手段、对经济社会的贡献、对生物多样性和生态系统的影响等数据。

4）人工培养和保藏的遗传资源数据

人工培养和保藏的遗传资源数据包括：①典型培养物资源数据，如微生物菌种保藏目录及关联的组学、文献、专利、地理等信息，藻类库藻类保藏目录及关联的分布和应用信息，细胞库保藏的细胞目录及关联的特性和实验信息，病毒库保藏的病毒目录及关联的特性、分布、临床试验和疫苗研发信息；②农副产品生产相关的种质资源数据，如农作物种质资源库的种子保藏目录、林木资源库的种子和苗木保藏目录、畜牧资源库的牧草种子保藏目录及猪马牛羊等动物的品种资源保藏目录、渔业资源库的渔业种质资源保藏目录，以及各种资源的特性等相关信息；③野生动植物种质资源数据，如野生植物种子库的保藏目录、野生动物组织库的保藏目录，及各种资源的特性等相关信息；④遗传资源保藏机构的信息数据。

4. 植被与生态系统多样性数据

植被与生态系统多样性数据主要包括植被类型和分布数据、生态系统多样性数据两个部分内容。

1）植被类型和分布数据

植被类型和分布数据包括中国植被分类系统、1∶50 万中国植被类型图和区划图、1∶100 万中国植被类型图、植被群落特征和物种组成等数据。植被图中各斑块包含经纬度、植被群系和亚群系、植被型、植被型组、植被大类等数据及相关的图片、视频、样方样点等相关信息。

2）生态系统多样性数据

全国生态系统综合数据包括中国生态系统类型、特征数、环境要素和质量要素数据，生态系统动态分布图；重点地区生态系统综合数据包括类型、环境要素（温度、降水、蒸散量与干旱度指数等）及其动态变化、质量要素（生物量、覆盖度、叶面积指数、净初级生产力等）及其动态变化、面积与覆盖度、主要生态效应（水土保持效应与沙漠化防治效应）等数据；定点观测和研究数据包括站点水、土、气、生等环境数据，生物量与生产力数据，地形图，植被覆盖，林冠体积、单木树高和树冠的三维景观结构图，以及基于航空和卫星遥感的动态观测数据。

5. 生物多样性监测数据

生物多样性监测数据主要包括监测站点、样地、样线、采样点信息，监测地区的自然环境要素和社会经济要素数据，监测点的气象和物候动态数据，针对不同生物类群的监测方法和监测标准信息，监测对象状态，包括动物、植物、菌物等重要类群各物种的数量、空间位置、年龄结构，以及监测人、监测设备或设施、监测时间和监测周期等数据。

6. 生物多样性保护数据

生物多样性保护数据包括生物多样性评估数据、就地保护数据和迁地保护数据三个方面内容。

1）生物多样性评估数据

生物多样性评估数据包括动物、植物、菌物和生态系统受威胁状态的评估信息，包含评估方法、评估机构、评估年代、评估基础数据和评估结果数据，如国家保护物种名录、脊椎动物、高等植物、大型真菌和生态系统红色名录，世界自然保护联盟（International Union for Conservation of Nature，IUCN）红色名录，濒危野生动植物种国际贸易公约（Convention on International Trade in Endangered Species of Wild Fauna and Flora，CITES）附录等。

2）就地保护数据

就地保护数据包括自然保护地信息和保护对象信息。自然保护地是国家公园、自然保护区、地质公园、世界自然遗产、生物圈保护区等就地保护措施实施区域的总称，它的信息包含位置、面积、地形等基础地理要素，气候、土壤、水文等自然环境要素，植被群落等生物生态要素，机构、人员、设施等管理要素等。保护对象的信息包括本底数据和动态监测信息，如重要的珍稀濒危物种、典型生境等的数量、年龄结构和空间分布，以及动态变化的数据。

3）迁地保护数据

迁地保护数据包括迁地保护机构信息和迁地保护的对象信息。迁地保护机构包括植物园、动物园、菌种库、种子库等实施迁地保护的机构和组织，它的信息包含位置、面积、地形等基础地理要素，气候、土壤、水文等自然环境要素，机构、人员、设施等管理要素等。

迁地保护的对象信息包含植物园引种栽培植物、动物园饲养动物，以及菌种库的菌种保藏、种子库的种子保藏的种类、数量、变化、状态等信息。

7. 生态安全评价数据

生态安全评价数据包括生物多样性与生态系统服务数据、区域生物多样性现状评价数据、区域生态保护与恢复政策措施及成效评估数据、生态安全格局构建与生态承载力评估数据四个方面内容。

1）生物多样性与生态系统服务数据

生物多样性与生态系统服务数据包含土壤保持、防风固沙、水源涵养和固碳等生态系统服务功能要素数据；

2）区域生物多样性现状评价数据

区域生物多样性现状评价数据包含在区域水平上综合物种多样性和生态系统多样性的特性、演化、状态、受威胁因子、保护措施、变化趋势等方面的数据；

3）区域生态保护与恢复政策措施及成效评估数据

区域生态保护与恢复政策措施及成效评估数据包含生态问题数据（土壤侵蚀、土地沙化、石漠化）、生态保护与恢复政策措施数据、生态服务功能要素（土壤保持、防风固沙、水源涵养和固碳）动态变化数据等。

4）生态安全格局构建与生态承载力评估数据

生态安全格局构建与生态承载力评估数据包含区域自然环境、经济社会及相互作用的数据，包括生物多样性（城市和乡村）及保护、生态系统服务及维持、全球变化、脆弱生态系统变化、外来物种入侵、自然资源利用、农林渔业等依赖自然环境的产业、农药化肥、人口、土地利用、工业和服务业布局、人类居住生活需求（工作和生活设施）、地方和民族传统文化、国家和区域生态文明政策及措施、生态功能区规划、公众对生物多样性保护和生态文明建设的认识等方面的数据。

2.5 大气数据

1. 观测数据

数据来源包括利用各种观测手段获得的气象台站观测资料、高空气象探测资料、基于船舶浮标等获得的海洋大气资料、基于气象雷达获得的雷达资料等。

（1）气象台站观测资料。每日常规观测时次的气压、温度、湿度、风向、风速、降水量等观测数据。

产品目前主要包括：

①全球地面气象站定时观测资料：包含了中国地面国际交换站和通过全球通信系统获取的国外地面国际交换站每日常规多次观测时次的气压、温度、湿度、风向、风速、降水量等观测数据。

②中国地面气象站逐小时观测资料：中国国家级地面站小时值数据，包括气温、气压、相对湿度、水汽压、风、降水量等要素小时观测值。

③中国地面累年值数据集：包括日值数据集、月值数据集、中国地面国家交换站资料日值 / 月值数据集等。

（2）高空气象探测资料。探空观测站点每日常规观测时次（世界时 00 和 12 时）各规定等压面和压温湿特性层的位势高度、温度、露点温度、风向、风速观测数据。

产品包括：

①全球高空气象站定时观测资料，包含了中国探空观测站点和通过全球通信系统获取的国外探空观测站点每日常规观测时次（世界时 00 和 12 时）各规定等压面和压温湿特性层的位势高度、温度、露点温度、风向、风速观测数据。

②中国高空气象站定时值观测资料，包含了 89 个中国探空观测站点各规定等压面和压温湿特性层位势高度、温度、露点温度、风向、风速观测数据。

③中国高空规定层资料：包括均一化数据集、月值数据集及累年年值数据集等。

（3）海洋大气资料。各种观测手段获得的海洋大气资料及其综合分析衍生资料，包括船舶（浮标）站观测报资料、海冰资料、海面温度资料、海平面气压资料等多个数据和产品。

产品包括：

①全球船舶站观测报资料定时值数据集：该数据集以全球海洋月分类和全球要素库地面资料为资料源，进行解码、规范化处理。内容包括 1980 年以来全球气温、风、露点温度、气压、变压、变温、降水、能见度、天气现象、云量、云状、船的航向、船的航速、海表温度、海浪、风浪、涌浪、积冰、海冰密集度、冰情、冰缘方位等要素定时值数据。

②东亚船舶站天气报资料定时值数据集：该数据集以全球海洋月分类和全球要素库地面资料为资料源，进行解码、规范化处理。内容包括 1980 年以来全球气温、风、露点温度、气压、变压、变温、降水、能见度、天气现象、云量、云状、船的航向、船的航速、海表温度、海浪、风浪、涌浪、积冰、海冰密集度、冰情、冰缘方位等要素定时值数据。

③全球海冰、海平面气压、海平面气温资料数据集：该数据集为英国哈德利（Hadley）气候研究中心制作的全球 1871 ～ 1999 年海冰覆盖率数据、1871 ～ 1999 年海平面气温覆盖率数据、1871 ～ 1994 年海平面气压数据。

（4）辐射资料。各种观测手段获得的辐射资料及其综合分析衍生资料。

产品包括中国辐射日值、月值数据集等，共有五个要素（总辐射 Q、净辐射 N、散射辐射 D、直接辐射 S 和反射辐射 R），直接辐射 S 中分为垂直面直接辐射和水平面直接辐射。每个要素文件为固定长格式。该数据集包含了中国 130 个站的资料（包括已撤销站点）。时间跨度为 1957 年至最新，滞后 3 个月。

（5）雷达资料。通过测量的雷达回波强度是对强对流天气（冰雹、大风、龙卷和暴洪）进行监测和预警的主要工具，新一代天气雷达还可以测量降水目标物沿雷达径向的运动速度（称为径向速度）和速度谱宽（速度脉动程度的度量）。

产品包括：

①雷达基数据，包括经过质量控制处理后的统一格式的单站多普勒雷达基数据。

②新一代天气雷达图像产品，包括基本反射率、组合反射率、垂直累计液态水含量、1 小时累积降水图像产品。

2. 数值预报产品及再分析资料

包括国内和国外的天气预报模式、环境预报模式等多个数据集和产品。

（1）全球数值预报：发布机构包括欧洲中期天气预报中心（European Centre for Medium-range Weather Forecasts，ECMWF）、美国国家环境预报中心（National Centers for Environmental Prediction，NCEP）、加拿大气象中心（Canadian Meteorological Center, CMC）、中国国家气象中心、日本气象厅（Japan Meteorological Agency，JMA）等。同时各个数值模式中心均提供相应的再分析数据集，包括欧洲中尺度天气预报中心提供的多个再分析数据集——ERA-40（1957 ～ 2002 年）、ERA-Interim（1979 年至今）、EAR-5（1979 年至今），美国国家环境预报中心（National Centers for Environmental Prediction，NCEP）的 NCEP-1、NCEP-2，中国国家气象中心的全球 / 区域通用数值天气预报系统（Global/Regional Assimilation and Prediction System，GRAPES），日本气象厅的 JMA-25（1979 年至今）等。

（2）区域预报：提供中国及周边地区区域预报，包括国家气象中心提供的 GRAPES_Meso 区域集合预报业务系统、北京市气象局的睿图模式系统（RMAPS）、华东中尺度数值预报模式（SMS-WARMS）、华南中尺度模式预报系统（GRAPES_CHAF）等。

3. 其他数据资料

（1）农气资料：各种观测手段获得的农作物、牧草、物候、农业气象灾害、植被物理化学特性、土壤物理化学特性资料。产品包括中国农作物生长发育、农田土壤湿度、农作物产量、农业灾情等旬值数据集。

气象灾害：各种天气气候灾害的气象实况及其影响资料。产品包括中国干旱灾害、暴雨洪涝灾害、热带气旋灾害数据集等。

（2）科考资料：在科学试验和专项考察中观测获得的或收集加工的各种资料和衍生资料。产品包括 1979 年青藏高原综合科学考察气象数据集及第二次青藏高原科学考察（1998 年 5 ～ 7 月）基本资料数据集等。

2.6 海洋数据

三维信息海洋整体目标是整合中科院海洋科学数据资源，构建综合集成、实时更新、开放共享的多学科海洋科学数据库；突破数据质控、融合、提取、反演、格点化等关键技术，开发具有普适性、综合性和示范性的海洋科学数据产品；构建海洋系统实时展示、动态模拟和情景分析可视化系统；服务于海洋科技创新发展，提升国民海洋意识和地球系统认知；为国家海洋权益维护、综合管理、资源开发、防灾减灾提供智能决策平台。

通过项目建设，将建成“两点一面”的海洋信息资源池，“面”指的是全球尺度的海洋科学基础数据库、再分析数据集、气候预测数据产品、遥感监测系统等；将提供海洋基础数据、ENSO 预报、海洋异常变化遥感监测、过去和未来气候预报等服务；此外，将建成时空连续的四维海洋模拟展示系统、过去和未来气候变化模拟展示系统等可视化专题，实现全球海洋的“可视”表达。

“两点”是指在“中国近海”和“两洋一海”两个国家战略要点开展信息集成和科学研究。其中，在与国民生活和社会发展紧密相关的“战略要点”——近海和海岸带，集成多学科、多要素和多类型的数据资源与模型，建立“近海和海岸带资源环境和生态系统评估与决策支持系统”。该系统包括，近海和海岸带资源环境和生态信息大数据平台，为 CASEarth 提供多学科丰富的、实时（或准实时）的近海和海岸带信息；近海和海岸带生物多样性时空格局与生态系统时空格局分析平台，定位于信息化的科研环境，服务于多学科领域科研人员的需求，并面向社会公众提供科普和宣传功能；海洋与海岸带灾害预警预测、风险评估与决策支持系统和生态系统健康评估与决策支持系统，为管理部门和决策者提供强有力的支持，提升和促进我国基于生态系统的近海和海岸带综合管理实践。

在“两洋一海”（西太平洋 - 南海 - 印度洋）战略要点，将结合国家在南海权益维护与区域可持续发展科学决策需求，构建综合岛礁价值、岸带开发等分析模型，形成一体化、实时更新、开放共享的南海岛礁及周边资源与环境信息综合与决策支撑模型。面向我国深海发展战略，建成海山、热液、冷泉和深渊等深海特殊生态系统的信息门户、数据共享平台及三维动态模拟展示系统，助力科学认知；为“建设海洋强国”和“两洋一海”战略提供服务和决策支撑，服务于公众科普教育。此外，建立全球海表风场和海浪产品的数据同化系统，研发印度洋海域海洋灾害预测预警系统，研究海洋灾害引起的海洋生态环境变化特征，阐明印度洋海洋环境灾害的生态效应，为整体提升印度洋沿线应对自然灾害提供信息支撑，服务航行安全和丝路沿岸国家防灾减灾。

最终通过“两点一面”的建设，体现和发挥中科院海洋科研优势，“立足近海”、“走向深海”、“辐射全球”，形成完整的海洋研究体系，为科学研究提供数据支撑，为社会大众提供海洋科普，为国家提供决策分析的综合平台。

为实现上述目标，需要整合各专题数据资源体系，突破海洋大数据分析关键技术，开拓海洋大数据驱动、研究模型支持的科学研究新模式，助力科学认知和决策支持，主要资源体系包括：

1. 全球海洋数据

1）全球变化相关的海洋观测数据

数据来源包括已有船基调查、浮标和潜标观测网络、海洋站、国际共享数据等历史整合数据和实时更新数据。数据类型包括：①海洋水体物理要素数据——海洋温度、盐度、洋流（流速、流向）等观测数据；②海面环境参数数据——风速、风向、气温、相对湿度、海平面等观测数据；③海洋化学数据——pCO_2、pH、DO、DIN、DIP 等主要参数；④海洋生物数据库——含近海和深海的微型自养浮游生物、微型异养浮游生物、微型浮游动物等丰度数据。

2）历史回报及未来气候变化模拟相关数据

全球热带海洋－大气耦合模式：包括 Nino 指数，以及西太平洋暖水堆积、次表层温度异常、海面高度异常和西太平洋西风异常等 ENSO 前期征兆。将有助于提升我国气候预报能力，支撑政府环境监督管理，服务社会大众环境宣传，满足海洋经济社会发展和公众环境认知需求。

1950～2015 年海洋环流历史回报数据：包括温度、盐度、三维流速及海面高度等变量。构建过去和未来海洋环流时空演变数据集，为气候变化研究、可持续发展和气候变化谈判提供数据支撑。

1850～2010 年历史气候变化模拟和未来 100 年气候变化预估数据集：包括大气温度、气压、风速、位势高度、降水、云量、海洋温度、盐度、三维海流速度、海面高度、海冰密集度、海冰流速、陆面温度、陆面湿度等变量。为地球科学研究提供数值模拟平台。

3）研制全球海洋异常变化过程遥感监测与信息服务系统

国内外可用于海洋观测的卫星多达上百颗，提供了多类型、多尺度、全天候、全天时的海洋观测数据。利用卫星遥感获取的海洋信息数据，为分析全球或区域尺度的海洋异常变化时空过程模式提供了数据上的可行性和可能性。为此，需要搜集整理的海洋表层环境参量包括海洋表面温度、海洋表面盐度、海面高度异常、海面风场、海洋初级生产力、悬浮颗粒物浓度、黄色物质等。

融合制作的海洋表层环境参量包括：海面降雨、海洋表面叶绿素 a 浓度。

反演制作的海洋表层环境参量包括：悬浮颗粒物浓度、黄色物质。

再分析的海洋环境参量包括：海洋表面温度、海洋表面盐度、海面高度异常、海面降雨、海洋初级生产力、海洋表面叶绿素 a 浓度等。

2. 中国近海与海岸带数据

利用 3S、大数据、虚拟现实等技术，集成近海和海岸带区域多学科、多要素、多类型的数据资源与模型，建立中国近海与海岸带信息集成与决策支持系统：①近海和海岸带以生物、物理、化学、地质、资源等为主的多专题信息大数据平台；②近海生物多样性和生态系统时空格局与趋势分析平台；③近海灾害预警预测、风险评估与决策支持系统；④近海和海岸带海洋生态系统健康评估与决策支持系统；⑤海岸带气候变化综合风险评估与决策支持系统。通过这些决策系统查询、展示、预测中国近海的过去、现在与未来。通过分析数据库，了解我国近海过去发生的事情，通过中国近海现状评估刻画我国近海的现状及特征，通过综合分析与过程机理研究，预测我国近海生态系统发展趋势，从而为环境安全、食品安全、生态系统等方面提供系统解决方案，为政府决策和经济社会发展提供服务。

相关数据资源包括：

1）沿海资源环境、经济社会基础信息库

包括建立海岸带变化，填海、沿海工业、大型港口、海水养殖、核电、滨海旅游、重要河口等的海岸带数据库。经济社会发展统计信息：2000 年以来我国沿海区域（沿海省域、地级市等不同空间范围及统计单元）人口数量、区域经济发展（GDP）、海洋经济发展（GOP）等领域的统计数据。

2）中国近海生物多样性及海洋环境数据库

包括海洋底栖生物、浮游生物、微型生物等的海洋生物数据，地质环境、化学环境、物理环境、海洋沉积环境等的海洋环境数据库。

3）近海富营养化关键过程与演化趋势、生态灾害监测数据库

多平台现场监测、观测资料：自 2002 年以来长江口邻近海域、2011 年以来黄渤海海域及 2015 年以来北部湾海域约 40 余个航次的赤潮、绿潮和褐潮相关观测资料，涵盖水文、化学、生物、毒素和色素等多种类型的数据资料。

近海灾害卫星遥感动态监测数据：中国近海台风、风暴潮和海冰等动力灾害及赤潮、浒苔等生态灾害卫星遥感数据，1978 年以来中国或全球近海 1km 分辨率水色遥感数据，中国近海海洋灾害卫星遥感数据，典型海区新型海洋现象（漂浮大型藻类）遥感数据。

4）中国近海海洋动力灾害数据库

包括中国近海地质、水下地形等要素基础数据，西北太平洋区域过去 20 年台风综合信息数据等。

5）海岸带监测、观测与遥感分类数据库

包括海岸带区域土地利用与湿地生态系统变化、植被覆盖变化、城市化及海岸工程和海岸线等要素的空间分布与开发利用状态等进行遥感监测和分类，包括中国大陆岸线、岛屿岸线长期变化特征数据，中国滨海湿地生态系统分布与变化数据，全球海岸带植被覆盖时空数据等。

6）近海生态系统多平台观测数据库

包括多年积累的航次调查数据、台站长期观测数据、浮标与潜标数据、野外考察数据，进行数据标准化处理、入库和可视化系统研发。

3. 西太平洋及印度洋区域数据

包括冲绳海槽、南海和西太平洋典型海山、热液、冷泉、深渊及周边深海平原的水文、化学、地质、生物和生态等多学科数据信息。全球 246 座有生物调查海山的约 2000 种生物；全球热液的 700 种大型生物；全球冷泉的 600 种生物及分布等信息。

印度洋及重点港口区多源生态遥感数据产品：整个印度洋：海表温度、叶绿素、初级生产力、透光层深度、悬浮物、有色溶解有机质；重点港口区：悬浮泥沙、叶绿素、近岸水深。

印度洋海洋再分析数据、印度洋大气、海洋预报系统。

4. 南海岛礁及周边数据

在三维信息海洋项目框架下，结合国家在南海方向的科学决策需求，对南海岛礁及周边遥感影像、地质、生物地理数据进行集成，并对南海岛礁及周边资源开发等资源环境数据进行集成和分析，在此基础上，构建南海岛礁通达性价值评估、南海周边岸带开发等分析模型，最终形成南海岛礁及周边资源与环境信息综合与决策支持系统。主要数据资源体系包括：岛礁遥感影像系列数据；岛礁地质数据（基于地质岩心钻探和地球物理探测典型珊瑚岛礁地质信息数据）；岛礁生物地理数据（南沙岛礁关键生物多样性数据集，关键生物多组学数据库）。

南海周边资源开发利用演变数据集：包括近 30 年（1990 ～ 2020 年）南海周边区域的资源开发演变数据集，以及海岸带分类信息、城镇、机场、港口、交通、土地覆被等。其中南海周边区域包括东南亚 11 国，即越南、老挝、柬埔寨、泰国、缅甸、菲律宾、马来西亚、文莱、新加坡、印度尼西亚和东帝汶。

2.7 固体地球科学数据

自新中国成立以来，我国已经积累了海量固体地球科学数据和资料，随着科学技术的不断发展和科技水平的提高，传统的固体地球科学数据和资料的管理与服务方式已经不能满足现代社会对固体地球科学数据高质量、高效率和高精度的多元化需求。为了更好地为社会发展和国民经济服务，自然资源部（前国土资源部）下属的相关机构和中国科学院的相关研究所近年来提出开展地质数据和资料管理和分享“两化”（集群化和产业化）服务，将其产品和服务分为地质资料数据产品和免费服务产品两种供浏览和查阅。固体地球科学资料和数据管理和访问，可以借鉴一些发达国家所采取的独立存储和分布式系统相结合的共享模式。

1. 地质数据

地质数据作为地质工作的长期知识积累和总结，具有一次投入、重复利用和长期服务的特点。固体地球科学领域的资料与数据开放共享一直是一个受到广泛关注的问题，长期以来积累了大量的地质资料和科学数据，然而缺少相关科学合理和具有可操作性的共享方式和共享机制，严重制约着地质领域的科学数据共享。对于地质数据而言，保密、服务模式和知识产权保护是影响其共享的重要因素。因此，要在处理好地质数据保密与公开、服务模式与对应技术策略基础上，进一步处理好地质资料和数据的知识产权保护问题。

截至目前，全国地质资料馆馆藏资料 14 万余档，单套数据占用容量 170TB，每年新进馆资料 5000 余档约 30 万件（李晨阳等，2017），自 2005 年后汇交的地质资料全部包含矢量化的数据。馆藏地质资料中地质大调查成果资料档数仅占 1/14，但其数据量却占馆藏资料数据总量的 45%，并且社会化服务占比较高，所涵盖的地质专业内容具有较高的深度和广度。在 14 万余档馆藏中，10.2 万档是经数字化扫描形成的电子资料，其中，区域地质、区域物化探、区域水工环及矿产地等数据在地质调查项目的支撑下已经完成了矢量化建库工作。截至目前，全国地质资料馆共有 30 多个全国性数据库，3000 多个区域与专题性数据库及数万个点源性数据库。如此海量的数据库（集），多年来社会化服务却受困于保密、服务模式与对应技术策略和知识产权保护等问题。为此全国地质资料馆经过多年政策法规解读与技术研究，形成了一套地质数据出版模式，建立了全球第一个地质数据出版平台。

地质资料数据产品包括：①地形和专题产品，包括不同比例尺的地形图、地形数据、数字高程数据、专题产品、行政边界数据等；②地球科学专题产品，包括不同比例尺的地质图、各种地质矿产数据库和数据、石油数据、有关地质灾害的各种出版物；③航空摄影产品；④岩心实体数据中心：钻孔岩心馆、国家虚拟岩心馆；⑤全国地质年代数据库；⑥活动构造和地震空间分布图；⑦地质灾害风险等值线图和全国滑坡数据库；⑧教育产品，包括各种小册子，地图产品、教具、纸制模型、幻灯片、宣传画等，可供大中小学的学生、教师在教学中使用。

要解决地质资料和数据共享中存在的问题，提升管理服务能力，需要以推进地质资料信息服务集群化、产业化为抓手，构建覆盖全国的全球地质资料管理与服务体系，建设国家及区域地质资料数据中心，推进“资源数字化、管理现代化、服务网络化、建设标准化”，加强地质资料服务产品开发，提升服务能力、拓展服务领域，满足多方需求。与此同时，可以基于创新的开放数据服务，建立地质数据国际化服务的数据共享平台，可通过全球地质数据出版将开放数据授权，提供相对完整且真实的地质数据，用户可通过公开渠道自由、免费的下载电子化数据。

2. 地球物理数据

随着现代数字通信技术、微电子技术和计算机技术的不断发展，地球物理观测仪器的精度越来越高，地球物理设备仪器所采集的数据量正以惊人的速度激增，如地震波法勘探收集的数据通常都以 TB 计，在海洋勘探过程中收集到的数据容量更是突破 PB 级别。与此同时，由于地球物理方法的多样性，仪器设备种类的庞杂性，地球物理数据的存储格式各异，读取的兼容性差、利用率较低，造成了数据的极大浪费，各种地球物理数据处理平台之间多数都是孤立、封闭的，系统的扩展和信息共享存在巨大的鸿沟。如此庞大的海量地球物理数据是人类了解地球内部知识的重要来源，开展地球物理数据的共享研究，对于提高信息资源的共享水平，扩大信息共享范围具有重要意义。

深部探测是研究地球深部构造及演化的重要手段，20 世纪 80 年代以来，随着矿产资源开发、地质灾害防治和地球科学研究的需要，原地质矿产部、中国地震局、中国科学院等单位相继投入大量资金开展了深部地球物理探测工作，特别是 2008 年我国启动了深部探测技术与实验研究（SinoProbe）专项。在过去几十年的深部地球物理和岩石圈研究中，我国投入了大量的人力和财力，获得并积累了大量珍贵的资料。目前收集到的数据主要有深部磁力、深部重力、大地电磁、深部地震测深、宽频地震、深地震反射、地学断面、盆地深部构造等十几个专业的相关数据（高锐等，2001）。调查测线遍及中国大陆及邻海的主要构造单元，剖面长度累计达 10 万 km。这些探测工作获得了大量反映岩石圈三维结构与变形的宝贵资料，揭示了中国岩石圈构造的基本特征。这些数据包括空间数据、非空间数据表及各种相关图片的栅格数据构成，是海量的、多源的数据。

基础的地球物理数据产品包括：①全国航空地球物理数据库；②全国重力、磁力数据库；③大地测量数据产品；④陆上深地震反射剖面图，包括陆上地震反射剖面的位置和选出的若干地震剖面的扫描图像；⑤深部地球物理探测数据库。

由于深部地球物理资料的基础性、探索性特点，及其在地球科学研究中的重要地位，一些先进发达国家均采用经过科学化和精确化的数据采集，以规范化的格式建立相应的数据库，通过互联网进行国际数据资料的交换与共享，如美国的大陆反射地震剖面探测、德国大陆科学深钻地球物理调查、欧洲地学断面等。近年来随着国内数字化技术应用和计算机网络技术的发展，中国深部探测方法及数据资料正向数字化迈进，大容量数据资源的光盘存储与网上共享已易于实现。因此，将地球物理探测数据资料数字化、存入计算机，与国际通用数据格式接轨，在网络上提供资料的检索目录和采用快捷的网络传输或其他方式实现数据资料的共享、交换。

上述国内外地球物理数据共享平台的实施方法中可以看出，由于地球物理学科分散，数据分布在不同的机构或团体，分布式的数据服务是不可避免的，建设地球物理数据共享平台，从而解决地球物理数据存储分散、格式异构等问题，构建面向地球物理应用的多维数据结构，为进一步开展地球物理数据联机分析处理和数据挖掘提供了可能。因此，加强数据共享平台与服务能力建设，拓展多种途径的地球物理科学数据服务方式。

3. 地球化学数据

地球化学是研究地球各圈层和各种地质体的化学组成、化学作用和化学演化，探讨化学元素及其同位素的分布、存在形式、共生组合、集中分散及迁移循环的规律的学科。我国的地球化学勘查研究有着悠久的历史，多年来的工作取得了辉煌的成果，积累了海量数据。当前，可被加工用于数据共享服务的地球化学数据产品类型丰富。但丰富、海量的、高质量的化探数据成果和日益增长的全社会共享服务需求现状并不相称。大部分的数据呈现原始状态，静静地躺在资料库或贮藏在存储器中，共享的手段也还是借助于纸介质或移动存储介质，共享的范围也局限于内部的专业人员之间。地球化学数据反映了客观世界的本质和变化规律，这样的科学数据应该是全社会的财富，它有为全社会服务的公益性特征，具有向社会大众提供服务的责任和义务。因此，地球化学数据产品面向社会大众的共享服务亟待利用现代信息技术来实现。

实现地球化学数据的社会化服务与共享，不仅能够最大限度地发挥数据的价值，还可以避免重复投入。但是要实现数据共享，除政策、标准、技术问题之外，最核心的是必须收集、加工、整理和开发系列的数据产品，否则数据共享就成了无米之炊。因此地球化学数据产品整合是社会化服务的前提，共享服务是整合的目的所在。中国科学院地球化学所已经建设了岩石地球化学数据库，该地球化学数据库储存了我国地壳、上地幔的岩石和矿物特征及其化学成分资料，为我国地壳、上地幔的化学演化、区域成矿规律的研究与找矿工作服务。该数据库包括以下六个方面的内容：①中国火成岩岩石学数据；②元素同位素年龄数据；③区域地球化学数据；④矿物学数据；⑤系统矿物学数据；⑥实验矿物学数据。近年来，中国地质调查局发展研究中心化探资料应用研究组为了汇集、整理、抢救 30 多年来区域化探积累的海量数据，并建立全国区域地球化学数据库。全国区域化探数据库首次汇集了全国 28 个省（自治区、直辖市）的 1：20 万和 1：50 万区域化探 39 种元素和氧化物的测试数据，共计数据点 142 万个，近 5540 万个数据，涉及 1：20 万图幅 1299 个，1：50 万图幅 18 个，在国内第一次建立了地球化学海量数据库。全国矿产资源潜力评价项目对数据库进行了更新，使全国区域化探数据库汇集数据总量达 147 万余条记录，数据达 6321 万（向运川等，2018）。在此基础上，编制了 4 万多张各类地球化学系列图件，并建立了空间数据库，为地球化学研究和矿产资源预测相关专业提供了丰富的地球化学信息（向运川等，2018）。该项成果的取得为在全国范围内研究区域地球化学分布、生态环境、基础地质和找矿远景规划提供了基础的地球化学资料。

未来可以利用地球科学大数据平台，对格式各异、基础数据缺乏的地球化学数据进行整合和共享服务。利用空间数据整合的方法技术，将两个具有较好数据基础、数据可以公开服务的地球化学数据库：岩石地球化学数据库和全国区域化探数据库，进一步研发不同格式数据源整合的方法和技术，完成两个数据库的整合，最后利用 WebGIS 技术实现地球化学数据的共享服务。

2.8 三极区域集成数据

三极指地球南极、北极和第三极青藏高原地区。

1. 三极基础和自然地理数据

基础数据主要指的是区域或者行政边界、自然地理要素和人文建设要素，具体有：DEM 数据、泛第三极边界、青藏高原边界、南极边界、北极边界、行政边界数据（国界、省界）；青藏高原（国、省、县）、地名（首都、省会、地级市、县级市、村）、自然保护区边界、泛第三极观测站点分布图、流域边界（国际水文组织和中国水利部的 1 ～ 3 分级数据）、水系（1 ～ 3 级）、山峰与山脉、道路数据、铁路数据、机场数据等。

2. 三极水文数据

三极水文数据主要指的是水文站点、遥感和模拟（过去和未来）等资料，具体有水文站点分布图、水文站点观测数据、水文模拟数据（历史）、地下水观测数据、水文遥感产品、水文地质图、水文预测 / 预估数据（未来）、水体遥感数据等。

3. 三极生态数据

三极生态数据主要指的是土地利用、植被覆盖、植被物候和生态系统等，具体有土地利用 / 土地覆盖数据、植被物候数据、植被类型分布图、植被覆盖度、植被指数、叶面积指数、植被功能型数据、微生物数据、湖泊水溶解有机碳、10m 级森林变化图集、草地生态系统样方调查数据、生物量数据集、青藏高原生态环境格局数据、青藏高原生态环境质量数据、青藏高原生态系统服务等。

4. 三极冰川数据

三极冰川数据主要指的是冰川编目、冰川遥感、冰盖及其高程变化等数据，具体有冰川编目、冰川格网、冰川变化遥感数据、冰川表碛覆盖、冰内冰下水系、冰川监测数据、冰川流速、冰裂隙、冰湖编目、冰芯数据集、冰盖表面冻融、南极边缘线、南极接地线、冰盖厚度、冰盖表面高程及其变化、冰架等。

5. 南北极海冰数据

南北极海冰数据具体有海冰厚度、海冰密集度、海冰覆盖范围、海冰预报数据产品、海冰融池、未来南极海冰预估数据、海冰上积雪、冰山、海冰反照率、海冰类型等。

6. 三极积雪数据

三极积雪数据主要指的是雪深、雪水当量、雪覆盖和站点观测等数据，具体包括雪深与雪水当量遥感数据、积雪面积遥感数据、积雪覆盖率遥感数据、NDSI 遥感数据、积雪反照率遥感数据、积雪站点观测数据等。

7. 三极冻土数据

三极冻土数据主要指的是冻土分布、冻融状态、冻融观测和模拟等数据，具体有冻土分布图 [中国冻土分布图、青藏高原冻土分布图、中国冰雪冻土图、环北极冻土图、俄罗斯冻土类型图、哈萨克斯坦冻土、欧亚大陆冻土图、青藏高原冻土分布图、青藏高原多年冻土稳定型图、青藏高原多年冻土热条件分类图（2010 年）和青藏高原年平均地温分布图]、地表冻融数据集、全球陆地多年冻土观测网（Global Terrestrial Network for Permafrost，GTN-P）观测数据、青藏高原冰冻圈综合数据集、含冰量数据集、青藏铁路工程走廊沿线综合数据集、气象站点冻结深度观测数据集、青藏高原多年冻土范围和活动层厚度、青藏公路沿线冻土活动层厚度观测数据集、冻土环境对青藏铁路工程建设的影响及工程的环境效应数据集、冻土未来预估数据集、冻土变化、热融湖塘、青藏高原冻土区活动层稳定性区划图等。

8. 三极地质构造数据

三极地质构造数据具体有印度 – 欧亚板块和阿拉伯 – 欧亚板块碰撞过程相关的岩浆岩数据、变质岩岩石地球化学数据、青藏高原隆升对东亚季风轨道尺度变率调制的模拟试验数据、高原隆升相关古植物化石数据、高原隆升试验模拟数据、地质年代、沉积地层厚度、岩相变化、构造变形等。

9. 三极古气候数据

三极古气候数据主要是指古气候指标数据，包括树轮、冰芯、洞穴沉积物（石笋）、湖泊沉积物、历史文献、孢粉、黄土、地热年代学、湖泊资料、地球化学、地质环境、气候重建、气候模拟等。

10. 三极人文社会经济数据

三极人文社会经济数据具体有高原人类活动强度数据，高原人类活动对生态环境影响数据，未来水资源、农业、生态系统脆弱性预测情景数据集，2018 ～ 2022 年人类活动（城市扩展、矿山开采、种植结构）产品、人类活动影响区（采矿区、水电站、旅游、过度放牧等）、社会经济数据集，人口格网化数据集，土地与自然资源、流域社会经济资源循环网络模拟数据集等。

2.9 “一带一路”区域集成数据

“一带一路”区域专门的数据，在专项启动之前比较稀少分散，主要是全球数据库的区域部分、数字丝路科学计划搜集生产的数据及零星的国别数据。专项的启动有力推动了数据集成和共享，相关建设基础及未来建设规划主要如表 2.3 所示。

表 2.3 “一带一路”区域集成数据建设规划

数据产品种类	详细内容
“一带一路”空间信息产品	不少于 40 类数据、产品、模型的集成；高性能“一带一路”空间数据仓库服务环境具备 2PB 以上、满足 30m 至 10km 数据分析的服务能力；常规（月、季、年）和应急（24 小时内重要产品）决策支持模式
“一带一路”资源调查与评估数据	农业监测领域：中科院遥感地球所于 1998 年建立全球农情遥感速报系统（CropWatch），经过近 20 载的不断发展，构建了 4 种空间尺度（全球 65 个农业生态功能区、6 个全球洲际主产区、31 个粮食主产国、9 个主产国的主产省 / 州）、4 种时间分辨率（16 天、季度、生长季与年）、5 种空间分辨率（0.25° 、1km、250m、30m、16m）相结合，含农气、农情、产量、预警等 14 个指标在内的粮食生产全过程多层次农情监测技术体系
	草地资源监测评估领域：遥感地球所承担环保部“生态十年”遥感调查与中科院战略性先导科技专项“应对气候变化的碳收支认证及相关问题”等项目的支持下，建立覆盖全国的草地地上生物量遥感估算模型，并持续生产 1982 ～ 2013 年间全国草地地上现存生物量遥感产品
	水资源遥感监测领域：2008 年建立区域蒸散遥感监测系统（ETWatch）。自主研发的 ET 估算模型 ETMonitor，已经具备了生产时间分辨率为每天，空间分辨率为 1km 的区域 ET 的能力，包括中国 2001 ～ 2015 年地表蒸散发区域分布数据集，中国 – 东盟地区 2013 年遥感地表蒸散发时空连续时间序列数据集
	森林资源遥感监测：遥感地球所负责森林地上生物量和关键参数的遥感监测，获得的 2000 ～ 2010 年森林植被关键参数为我国生态环境十年评估和碳收支相关研究提供了数据支撑，发展了基于时间序列遥感数据变化检测的林龄监测技术及基于激光雷达和时间序列遥感数据的森林关键参数外推模型
“一带一路”生态环境监测与评估数据	土地利用数据：“一带一路”全区域 1km 分辨率土地利用 2000 ～ 2015 年 2 期数据；“一带一路”干旱区和经济廊道重点区 30m 分辨率土地利用和生态环境参数数据，2 期；海上丝绸之路港口数据 30m 分辨率，2 期；10 个重大工程 10m 分辨率基础数据；“一带一路”全区域和干旱区、经济廊道、港口城市和 20 个重点工程多尺度基础生态环境数据库
	生态环境参数数据：一带一路全区和重点区域生态环境健康和脆弱性评价和变化测模型库；重大工程对环境的影响评价模型库；50 多个 10 类重大工程生态环境影响评价产品等
	地表勘察数据及其他：覆盖“一带一路”全区域多时相中低分辨率生态环境要素产品，要素包括：土地覆盖，植被状况、农田、辐射收支、水热通量、城市热岛、夜间灯光等；干旱 – 半干旱区高分辨率植被、河流、湖泊、土地盐碱化、荒漠和绿洲分布产品集；海岸带和近海海域多尺度多时序生态环境要素海岸线、海岸带土地利用、填海面积、红树林、近海海域叶绿素、海水养殖区、悬浮物等变化信息产品数据集；“一带一路”重要经济廊道区域典型生态环境要素森林、农田、工业区等时间序列数据集

续表

数据产品种类	详细内容
“一带一路”气候变化和灾害风险评估数据	“一带一路”全域公里分辨率的气温和地表温度、降水、土壤湿度、植被生产力、极端温度（热浪、寒潮）、极端降水（暴雨、干旱）数据产品；完成水热季节性和物候动态的可视化动态数据产品；年度温度和降水量回顾
	1961年以来“一带一路”气象观测站网的均一化气温、降水等要素序列集，给出“一带一路”各站点观测到的最极端及不同极端程度（以N年一遇计）的热浪、寒潮、暴雨和干旱等极端气候事件的强度分布，给出“一带一路”各站点极端事件随气候变化（如全球变暖、大洋气候涛动等）而发生的强度和概率动态演变特征，进而确定近期特定极端事件的发生概率和强度
	近30年“一带一路”极端气候事件及灾害月、季、年和年代际尺度的极端气候事件时空分布特征和规律；在极端气候事件和灾害的对地观测监测分析的时间尺度从小时、天、月等尺度；空间尺度从千米到10km尺度，建成“一带一路”极端气候事件和灾害的对地观测多源数据库系统
“一带一路”气候变化和灾害风险评估数据	适合于“一带一路”沿线不同区域的季度气候预测系统，提供过去30年模式的集合回报数据库；每年对沿线国家开展不少于四次的气候异常预测，提供不同起报时间的气候异常预测产品；实现气候异常及灾害季度预测系统及产品的共享和培训
	“一带一路”全域近30年自然灾害空间分布数据和空间制图产品，包括某一类灾害发生的起始日期、空间位置、灾害种类、死亡人口、经济损失等；生产“一带一路”沿线典型区重大灾害风险评估空间数据和可视化产品：例如“高温热浪－干旱－火灾”和“暴雨－滑坡泥石流”等重大灾害空间监测产品等；集成一个服务于“一带一路”沿线灾害风险专题产品生产的综合数据库系统
“一带一路”文化－自然遗产保护与发展数据	“一带一路”城市－交通网络体系动态变化监测（精度＞90%）图谱与发展趋势模拟（精度＞80%）
	“一带一路”空间考古新发现（10处以上）与文化遗产监测技术体系与风险等级评估全球诊断
	多源、多尺度“一带一路”城市－交通网络体系、动态监测、趋势模拟专题图与文化遗产诊断图

2.10　联合国可持续发展目标实现支撑数据

瑞典斯德哥尔摩的“恢复力研究中心”（Stockholm Resilience Center，SRC）认为，联合国可持续发展相关指标可从生物、社会、经济等层次推动全社会可持续发展。本专项数据资源重点支持的联合国可持续发展目标（Sustainable Development Goals，SDGs）分项目标内容如下：

1. 联合国可持续发展目标 SDG 2 专题数据

SDG 2 目标：消除饥饿，实现粮食安全，改善营养，促进可持续农业。

到 2030 年，消除饥饿并确保所有人，特别是穷人和弱势群体，包括婴儿，全年都能获得安全、营养和充足的食物。

支撑维度：可形成大宗粮油作物产量及单位劳动力生产量、全国营养不足发生率数据集、全国中度或严重粮食无保障人口比例数据集等。

2. 联合国可持续发展目标 SDG 6 专题数据

SDG 6 目标：确保所有人的供水和卫生设施的可用性和可持续管理。

（1）SDG 6.1 目标：到 2030 年，为所有人实现普遍和公平地获得安全和负担得起的饮用水。

支撑维度：可形成全国使用安全管理饮用水服务的人口比例数据集、全国环境水质良好的水体比例数据集等。

（2）SDG 6.4 目标：到 2030 年，大幅提高所有部门的用水效率，确保可持续的取水和淡水供应，以解决水资源短缺问题，并大幅度减少缺水人数。

支撑维度：可形成全国淡水取水量占可利用淡水资源的比例数据集、东南亚地区 1990 ～ 2015 年红树林分布数据集、中亚五国 2018 年地表水面数据集等。

3. 联合国可持续发展目标 SDG 11 专题数据

SDG 11 目标：建设包容、安全、有抵御灾害能力和可持续的城市和人类住区。

（1）SDG 11.1 目标：到 2030 年，确保人人获得适当、安全和负担得起的住房和基本服务，并改造贫民窟。

支撑维度：可形成全球 10m 城市不透水面空间分布信息、区域 1500 个城市 1990 ～ 2015 年城市扩张遥感数据集、中国区域公共交通信息数据、中国城市建成区公共空间面积指标评价数据集等。

（2）SDG 11.6 目标：到 2030 年，减少城市的人均负面环境影响，包括特别关注空气质量，以及城市废物管理等。

支撑维度：可形成全国定期收集并得到适当最终排放的城市固体废物占城市固体废物总量的比例数据集和全球大气卫星监测 CO_2 时空连续数据产品、中国 2010 ～ 2018 年 PM2.5 年平均产品等。

4. 联合国可持续发展目标 SDG 13 专题数据

SDG 13 目标：采取紧急行动应对气候变化及其影响。

SDG 13.1 目标：加强各国抵御和适应气候相关的灾害和自然灾害的能力。

支撑维度：可形成“一带一路”冰川时空监测产品、北极海冰预测产品、“一带一路”国家 SDG 13.1.1 指标（灾害）数据产品、全国每 10 万人当中因灾害死亡、失踪和直接受影响的人数数据集等。

5. 联合国可持续发展目标 SDG 14 专题数据

SDG 14 目标：保护和可持续利用海洋和海洋资源以促进可持续发展

SDG 14.4 目标：到 2020 年，有效地规范采伐和结束过度捕捞、非法、未报告和无管制的捕捞和破坏性捕捞做法，并实施以科学为基础的管理计划，以便在可行的最短时间内恢复鱼类种群，至少达到可产生的水平由其生物学特性决定的最大可持续产量。

支撑维度：可形成生物可持续水平内鱼类种群的比例数据集、国家分配给海洋技术领域的研究预算总额的比例数据集、全国保护区海洋面积占海洋区域的比例数据等。

6. 联合国可持续发展目标 SDG 15 专题数据

SDG 15 目标：保护、恢复和促进可持续利用陆地生态系统，可持续管理森林，防治荒漠化，制止和扭转土地退化，遏制生物多样性的丧失。

（1）SDG 15.1 目标：到 2020 年，根据国际协议规定的义务，保护、恢复和可持续利用陆地和内陆的淡水生态系统及其服务，特别是森林、湿地、山麓和旱地。

支撑维度：可形成全国森林面积比例数据集、保护区覆盖的陆地比例数据集和淡水生物多样性所占比例数据集、中国森林生态系统保护关键区域数据集、中国森林生态系统保护现状与保护空缺数据集等。

（2）SDG 15.3 目标：到 2030 年，防治荒漠化，恢复退化的土地和土壤，包括受荒漠化、干旱和洪涝影响的土地，努力建立一个不再出现土地退化的世界。

支撑维度：可形成全球土地退化分布数据集、中亚五国土地退化指数（LDI）数据集、蒙古国土地退化数据集、中蒙铁路沿线土地退化梯度变化数据集等。

（3）SDG 15.4 目标：到 2030 年，保护山地生态系统，包括其生物多样性，以便加强山地生态系统的能力，使其能够带来对可持续发展必不可少的益处。

支撑维度：可形成全国山区生物多样性保护区的覆盖面积比例数据集、全国山地绿化覆盖面积数据集、“一带一路”地区山地绿色覆盖指数数据集等。

（4）SDG 15.5 目标：采取紧急重大行动来减少自然栖息地的退化，遏制生物多样性的丧失，到 2020 年，保护受威胁物种，防止其灭绝。

支撑维度：可形成中国物种红色名录指数数据、典型国家公园生态系统和生物多样性数据、中国大熊猫栖息地的现状分布数据、近 40 年全国大熊猫栖息地变化数据等。

参考文献

高锐，黄立言，骆团结，吴仲煜，李英康，魏文博，管烨，韩湘君，金旭，李秋生，史大年，张季生. 2001. 深部地球物理探测数据库研究进展. 地球学报，22(6): 481 ～ 485.

郭华东. 2018a. 地球大数据科学工程. 中国科学院院刊，33(8): 818 ～ 824.

郭华东. 2018b. 科学大数据驱动地学学科发展. 科技导报，36(5): 1.

国家科技基础条件平台中心. 2016. 国家科学数据资源发展报告（2016）. 北京：科学技术文献出版社：

17 ～ 18.
李晨阳 , 吴轩 , 齐钒宇 , 郭慧 , 贾丽琼 , 商云涛 , 孔昭煜 , 高学正 , 李晓蕾 . 2017. 全球地质数据出版模式探索与研究 . 中国地质 , 44(S1): 1 ～ 7.
王卷乐 , 林海 , 冉盈盈 , 周玉洁 , 宋佳 , 杜佳 . 2014. 面向数据共享的地球系统科学数据分类探讨 . 地球科学进展 , 29(2):265 ～ 267+273 ～ 274.
向运川 , 牟绪赞 , 任天祥 , 刘荣梅 , 吴轩 . 2018. 全国区域化探数据库 . 中国地质 , 45(S1): 32 ～ 44.
张鸿翔 , 段晓男 , 李颖虹 . 2014. 中国科学院地球科学领域学科分析与建议 . 中国科学院院刊 , 29(3), DOI: 10.3969/j.issn.1000-3045.2014.03.013.
FAO. 2012. GeoNetwork. http://www.fao.org/geonetwork [2020-5-2].
NOAA. 2017. National Centers for Environmental Information. https://www.nodc.noaa.gov/data/formats/ netcdf/v2.0/index.html [2020-5-2].
WMO, UNESCO. 2012. International Glossary of Hydrology, 3rd ed. Geneva: World Meteorological Organization.

地球大数据科学工程

数据共享蓝皮书（2019）

Report on Data Sharing of
Big Earth Data Science
Programme（2019）

第三章

地球大数据科学工程的数据共享体系

在厘清资源发展现状和未来建设计划的基础上，地球大数据科学工程的数据共享体系面向大数据时代科研创新、多学科融合等需求，顺应国际科学数据开放共享的潮流与国家数据共享的最新政策与措施，主要从以下几方面着力：首先，形成专项数据资源管理与共享服务的原则与模式，制定专项数据和产品的汇交机制和开放共享政策措施，以保障数据资源的持续生产与高质量的数据资源汇聚；其次，建立专项数据共享的监督检查与评估机制，建立可考核的评价体系和激励措施，实现数据资源的长期可持续开放共享；最后，需夯实专项数据开放共享的基础设施，提升技术平台和服务能力，培养稳定的专业化人才队伍。

3.1 数据开放共享的基本原则

地球大数据科学工程的数据共享将遵循开放原则、责权利一致原则、可用原则、可持续原则和创新驱动原则，详细情况如表 3.1 所示。

表 3.1 地球大数据科学工程数据开放共享基本原则

基本原则	详细内容
1. 开放原则	除国家法律法规有专门规定限制或禁止公开共享的数据外，专项所产生的科学数据，均应无条件开放共享，任何个人、法人单位和机构不能将数据变成私有资源
2. 责权利一致原则	明晰数据监管、数据使用者和数据提供者的责权利，形成促进数据共享利益协调机制，构建良性的数据共享生态；数据使用者在科研成果发表时要明确数据引用；数据提供者要保证数据的质量
3. 可用原则	各专项项目、课题、子课题承担单位和个人要按照一数一源、有标可循、动态更新的要求，采集和处理各类科学数据，并及时建立和更新元数据信息，确保共享数据的真实性、准确性和时效性。保证数据可发现、可访问、可互操作、可重用和可引用
4. 可持续原则	建立专项科学数据的长期获取机制，保障科学数据管理运行所需的软硬件设施与专门队伍，发展科学数据管理与开放共享的技术支撑体系。不断通过政策引导，激励机制促进，技术、设施双支撑，保证专项科学数据开放共享的可持续性
5. 创新驱动原则	大数据给科研方式带来了革命性的改变。科学家认识自然、获得科学发现的方式，已从传统的观测阶段、实验阶段、模型阶段，发展到当前的大数据科学发现阶段。通过数据开放共享，促进大数据驱动的科研创新，持续推动科学发现

3.2　数据共享政策与保障机制

3.2.1　组织保障

成立数据共享工作组，在专项总体组的领导下，负责组织和落实专项数据共享的有关工作。

3.2.2　制度保障

发布了《地球大数据科学工程专项数据共享管理办法》，明确专项科学数据的分类分级体系，明晰科学数据汇交方式、管理存储方式、共享服务方式（科学技术部基础研究司，2014）、数据使用方式及数据生产者、使用者和管理者三者之间的权益和义务，为专项科学数据管理和共享提供支撑。

3.2.3　责任落实

在项目、课题及子课题申请阶段，应制定《数据共享计划书》。在制定实施方案或签署任务书阶段，专项各级任务承担者应依照《数据共享计划书》的相关条目在实施方案或任务书中单独阐述数据共享的具体方案。

专项各级任务承担者所在的法人单位法定代表人，应在《数据共享计划书》、实施方案或任务书中签署意见。

拟接收、管理和发布共享数据的机构，应该在计划书及实施方案或任务书中签署意见，承诺按时按量接收数据，并按时间计划保质保量以商定的形式提供数据的开放共享服务。

3.2.4　监督评估机制

建立从项目、课题和子课题立项评审、过程检查、验收评估全流程的数据共享监督评估机制。在项目申请阶段，专项应根据目标和成果产出对项目、课题和子课题的《数据共享计划书》内容进行审批。在专项签署实施方案或任务书阶段，专项对《数据共享计划书》的落实情况进行审批。在专项执行期间，专项根据实施计划、任务书和《元数据说明书》的内容，按时间进度定期对项目、课题和子课题的数据共享情况进行动态评估。

3.2.5 激励机制

完善数据共享评价体系，建立数据共享指标，开展定期考核评估。建立数据共享奖励政策，根据绩效评估结果给予奖励补助经费；通过成本补偿等措施，弥补成果共享成本，促使研究人员有动力投入数据获取、存储、公开、传播等活动；保护数据知识产权和隐私内容，满足项目组对数据的优先使用需求。鼓励专项参加单位和科研人员利用本专项平台共享其他科研项目生成的科学数据，鼓励本专项参加单位之外的院内机构积极共享地球科学相关数据。

3.2.6 长期服务机制

设立专项数据共享专门机构，包括数据共享平台的统一运行管理机构和网络数据节点等。运行管理机构负责共享平台建设和运行服务，网络数据节点负责数据的管理与运维；保障科学数据管理运行所需的软硬件设施与人员队伍；建立符合相关标准规范和保密安全要求的管理系统，定期对系统进行更新维护，实现对科学数据安全的保管和共享服务；加强与国际和国内知名数据库的合作和整合，进一步增强数据的可用性。从人、财、物及体制机制等方面保障科学数据开放共享的可持续性。

3.2.7 数据标准规范研制

标准规范是实现科学数据规范管理、互联互通、开放共享的基础，围绕专项科学数据产生、处理、存储、共享、出版、引用等全生命周期的管理，持续研编专项科学数据（库）与数据共享技术的标准与规范，建立完整的标准体系，各科学数据生产单位应做好相关标准的执行和实施。同时建立数据共享平台建设和运维的相关规范，制定科学数据汇交、管理、服务、共享、评价的规范化工作流程，研发支撑科学数据管理和开放共享服务的共性技术，形成良好的服务生态，确保各专题科学数据资源与共享平台有效对接和高效服务。

3.2.8 鼓励出版与引用数据

进一步加强专项的数据出版工作（张小强和李欣，2015），在专项和科学院系统内布局和鼓励科学数据的发表和公开引用，为数据设定专门的永久标识符（PID），在成果考核时把数据共享和引用作为重要的指标。提议建立一个全新的数据引用指数，以公开发表数据集的他引次数乘以引用文章影响因子权重，作为衡量数据共享效果与数据影响力等的重要指标。

3.3　数据共享基础设施建设

3.3.1　平台建设服务能力

地球大数据云服务基础平台是可扩展的高性能计算、高通量计算、云计算和大数据分析处理的专用计算集群，通用计算能力达到 1PF，云计算、大数据分析和处理能力 1PF，存储能力达到 50PB。系统建成后将支持专项内各种科学数据处理平台的对外公共服务，满足 DataBank、Data Repository、格网数据引擎等专用数据系统服务需求；同时为“上球”业务提供前期的数据处理、分析服务；支撑领域内重大应用的技术研发、数据处理、上线发布等需求。

此外，数据安全是支持数据资源建设长期可持续发展的关键，为此，专项围绕数据共享基础设施平台建设所需，形成数据灾备与恢复主要方案，详细技术参数见附录 2。

3.3.2　平台典型应用场景

主要的应用服务场景包括“地球大数据科学工程相关科学数据的汇交”“重要科学数据的整理、存储和在线分析”“时空三级、生态等领域的大数据分析”“大气、海洋、生物信息等领域的高性能模拟计算”“专项内重大科研成果的发布与共享”“自定义数据处理平台的快速构建和使用”等（图 3.1）。

地球大数据云服务基础平台以地球大数据为核心，围绕科研数据的汇交存储、分析处理、数值模拟、发布共享等环节开展技术研发和环境构建，是专门服务于数据开放共享、数据驱动科学发现、政府高层决策支持的专用计算系统（郭华东，2018a）。不同于普通的超级计算机或大数据处理系统，地球大数据云服务基础平台的应用场景涉及了数据汇交存储、超级计算、大数据处理等多种业务模式。服务模式则涵盖了基础设施供给、应用平台支撑、应用服务提供，即从 IaaS、PaaS 到 SaaS 的全栈式服务。为满足复杂多样的应用需求，需要对其体系结构进行优化设计，深度融合多种计算模式。

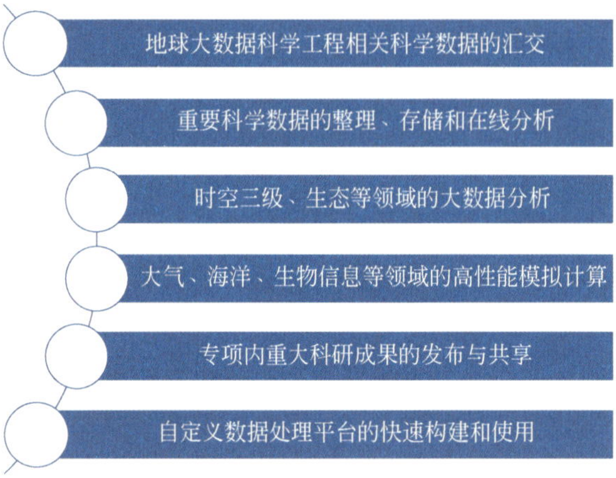

图 3.1　地球大数据云服务基础平台主要应用场景

平台内设置专用的超级计算分区、大数据云分区，通过 800Gbps 以上聚合带宽的内部高速网络互联和海量数据存储系统紧密耦合，减少数据在不同计算模型之间的传输，提升数据处理、分析、模拟的效率。

（1）满足不同计算框架的快速构建和使用。需要利用虚拟化技术实现计算的弹性扩展和业务的灵活响应。平台内的大数据分云区应采用云计算技术组织和供给计算资源，并面向 Hadoop、Spark 等常用大数据框架提供快速部署模板，以快速满足不同类型、不同规模的大数据处理需求。当用户使用完毕，即可快速释放已获取的资源，提高资源的使用效率。

（2）针对大数据处理的 I/O 操作性能优化。大数据处理是 I/O 密集型应用，数据的读取、写入性能将直接影响处理效率。因此，需要在平台内部的海量数据存储系统中，通过分布式软、硬件架构和技术，实现高并发、高吞吐的数据读写能力。在大数据云分区内，通过为计算节点混合配置本地电子磁盘（SSD）和机械磁盘的方式，提高数据读写性能，满足 Hadoop 计算框架对 IOPS 的性能需求；应通过配置大内存的方式，满足 Spark 架构的计算需求。

（3）系统架构设计关注东西向数据流量。在云计算系统中，南北向通常指与 Internet 的网络通信，东西向常指系统内部不同计算单元之间的网络流量。在云服务平台中，计算资源与计算资源之间、计算资源与存储资源之间，因业务数据的分割发布、处理结果的回收汇聚及镜像文件的自动迁移，将产生大量的数据交换，从而导致东西向数据流量的攀升。因此，与常见的计算系统往往只关心 Internet 访问的流畅程度不同，云基础平台更应关注东西向流量，增加该方向的网络带宽，实现计算、存储的紧密耦合，进而提高数据处理效率。

（4）云基础平台应具备一站式平台服务能力。受各种因素限制，即使系统出口处的南北向网络带宽配置的很高，远程用户仍有可能无法感受到数据传输的通畅。因此，将数据流转的路径设计在具有较高东西向带宽的云服务平台内部，对快速分析处理业务数据具有积极的意义。对用户而言，需要在进入、访问平台时，即获得便捷的工作平台，而将大量操作流程放在云端完成，以减少 Internet 上的数据传输数量，避免因等待数据传输而带来的效率问题。

3.4　数据标准规范的研制

3.4.1　核心元数据标准规范

专项所产生的数据对象复杂，对应的各对象元数据包结构也复杂多样（图 3.2）。基于 CASEarth 统一的汇聚管理与服务模式标准研制需求，为实现多源异构数据资源的统一数据组织、发现与服务的目标，专项设计完成地球大数据专项科学数据核心元数据标准规范。参见《中国科学院 A 类战略性先导科技专项 - 地球大数据科学工程项目标准科学数据核心元数据标准》，以下简称《科学数据核心元数据标准》（附录 3）。

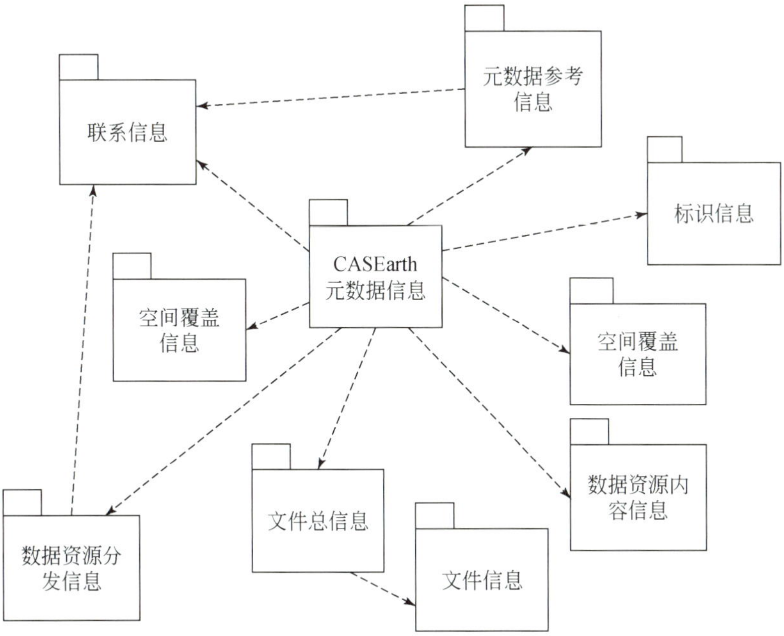

图 3.2　专项数据对象元数据的包结构

《科学数据核心元数据标准》参考了国内外已有的数据标准体系，①国际－国家层面的标准：《Geographic information-Metadata-Part I：Fundamentals（ISO 19115-1:2014）》、《科技资源标识（GB/T 32843—2016）》、《生态科学数据元数据（GB/T 20533—2006）》、《土壤科学数据元数据（GB/T 32739—2016）》等；②项目数据标准，如中国科学院"十一五"信息化专项数据应用环境建设与服务项目、中国科学院"十二五"信息化专项科技数据资源整合与共享工程项目、国家基础科学数据共享服务平台等项目的核心元数据标准；③国外数据共享平台元数据标准要素，参考了 35 项元素集合，并实现与 DCMI、dryad、datacite 映射。

《科学数据核心元数据标准》采用统一建模语言（UML）描述元数据子集、元数据实体和元数据元素之间的关系。用 UML 中的包表示元数据子集，类表示元数据实体，属性表示元数据元素。主要包括元数据信息、元数据参考信息、标识信息、数据资源内容信息、资源量信息、引用和关联信息、分发信息、项目信息、文件信息、联系人信息、覆盖范围信息。其中基础包关系如图 3.3 所示。

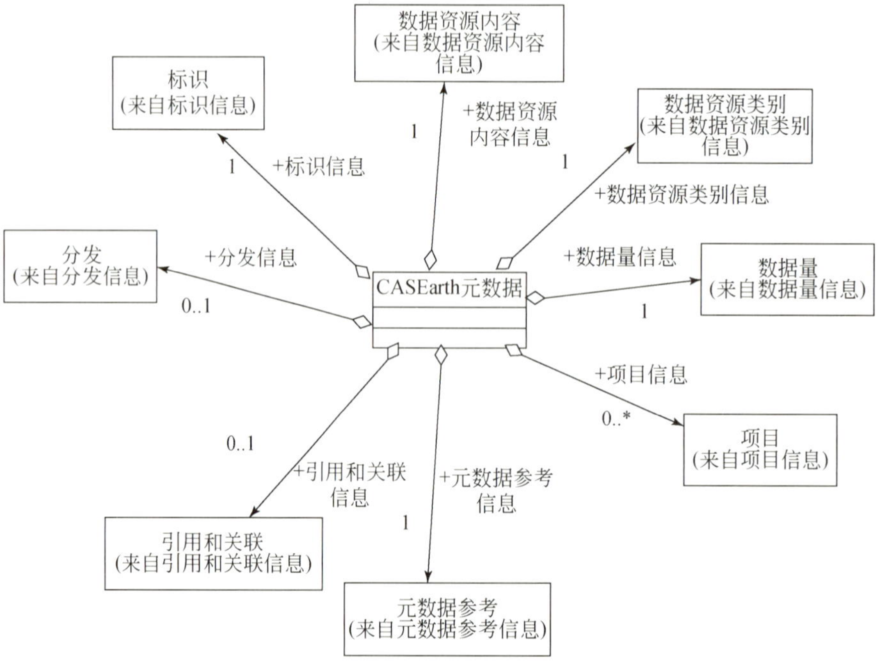

图 3.3　地球大数据专项数据对象元数据的基础包关系

在内容方面，《科学数据核心元数据标准》除了常规部分即范围、规范性引用文件、术语、缩略语，主要规定的内容包括：

（1）数据属性：对于每个元数据元素和元数据实体，从语义和语法两方面进行描述。具体来说，使用以下八个属性［基于《信息技术 数据元的规范与标准化 第 3 部分：数据元的基本属性（GB/T 18391.3—2001）》定义的有关属性］进行定义：中文名称、英文名称、缩写名、定义、数据类型、值域、约束 / 条件、最大出现次数。

（2）元数据描述方法：介绍了元数据描述方法，采用统一建模语言（UML）描述元数据子集、元数据实体和元数据元素之间的关系。

（3）元数据包：介绍了元数据包的构成，包括两类包，第一类是基础包、第二类是联系人信息包和覆盖范围信息包。

（4）元数据模式：介绍了元数据模式，给出每个类的 UML 图，描述元数据子集、元数据实体和元数据元素之间的关系。

专项数据对象元数据标准规范已经在“地球大数据科学工程 2018 年数据汇交方案”中集成和应用。

3.4.2　主要领域数据管理规范

1. 遥感数据标准

1）遥感数据元数据规范

一般遥感数据元数据规范推荐参考《光学遥感测绘卫星影像产品元数据（GB/T 35643—2017）》。考虑到卫星数据来源很多，除定制产品外，对于国际上一些常用的开放共享数据如 MODIS、Landsat、Sentinal 等遥感数据产品，其元数据可遵循原有的规范或标准。RTU 地理格网产品元数据定义及示例详见附录 4。

2）遥感数据格式规范

国内外遥感数据格式较多（郭经，2011）也较为成熟，目前主流的几种数据格式有 GeoTIFF、HDF5、FAST、CEOS、NDF、DIMAP、JPEG、img、bmp 等。对于国内外原始数据，特别是一些常用的开放共享数据如 MODIS、Landsat、Sentinal 等遥感数据，其数据格式可遵循固有的规范或标准。

对于专项的定制数据产品，优先推荐采用 GeoTIFF 格式。GeoTIFF 格式的特点：具有 TIFF 格式的所有优点；地理信息丰富，GeoTIFF 格式是专门设计用来存储地理坐标信息的数据格式，它定义了大量专门的标签来存储地理信息图像数据，在遥感图像处理软件中使用非常方便；应用广泛，目前国内外大多数遥感卫星数据分发商都提供 GeoTIFF 格式的数据产品。例如，美国 Landsat 数据产品、法国 SPOT 卫星的数据产品等。GeoTIFF 格式的不足之处在于，虽然增加了地理信息数据，但是因为遥感数据的辅助信息（如侧摆角度、太阳高度角、太阳方位角和像素空间分辨率等）非常多，GeoTIFF 格式仍不能将其全部保存到图像文件中，只能借助辅助文件来保存。

2. 基础地理数据标准

1）元数据标准规范

基础地理数据标准所参照的标准规范主要包括：

GB/T 7408—2005 数据元和交换格式 信息交换 日期和时间表示法；

GB/T 30522—2014 科技平台 元数据标准化基本原则与方法；

GB/T 30523—2014 科技平台 资源核心元数据；

GB/T 19710—2005 地理信息 元数据；

GB 21139—2007 基础地理信息标准数据基本规定；

ISO 19115-1：2014 Geographic information-Metadata-Part I：Fundamentals，该规范采用摘要表示的方式定义和描述元数据。摘要表示使用定义、英文名称、数据类型、值域、短名、注解、子元素和扩展巴氏范式来描述元数据。

2）数据整合集成规范

该规范适用于专项基础地理数据领域的基础地理数据的整合与集成工作。数据内容包括地球大数据科学工程基础地理数据领域的全部数据，数据类型包括矢量数据、栅格数据、属性数据等。所引用的标准规范主要包括：

GB/T 12343.3—2009 国家基本比例尺地图编绘规范 第 3 部分：1∶500000 1∶1000000 地形图编绘规范；

GB/T 16831—2013 基于坐标的地理点位置标准表示法；

GB/T 17278—2009 数字地形图产品基本要求；

GB/T 17798—2007 地理空间数据交换格式；

GB/T 18317—2009 专题地图信息分类与代码；

GB/T 14511—2008 地图印刷规范；

GB/T 12409—2009 地理格网；

GB/T 7408—2005 数据元和交换格式 信息交换 日期和时间表示法；

GB/T 2260—2007 中华人民共和国行政区划代码。

3）数据质量评估规范

基础地理数据领域数据质量评估规范主要用于保证该领域数据在整理、整编、发布和评估过程中的规范性，包括数据整理、元数据整编、数据发布、数据共享和应用、数据质量评价过程等方面内容。

3. 地面监测数据标准

地面监测数据主要包括生态系统地面监测、地表通量观测、物候观测、高寒区地面观测、大气本底地面观测及近海观测等内容。其中生态系统地面观测的元数据标准、数据管理规范可以为其他类型的地面数据提供参考。

1）生态元数据标准

生态学是研究生物及其生活环境的相关关系的科学，是生物学和地学相交叉的一个学科领域。国际上该领域影响较大的元数据标准包括数字化地理空间元数据内容标准（Content Standard for Digital Geospatial Metadata，CSDGM）、数字化地理空间元数据内容标准——生物学数据元数据应用方案（CSDGM-Biological Data Profile）、ISO 19115、生态学元数据语言（Ecological Metadata Language）等。在国内，《生态科学数据元数据（GB/T 20533—2006）》自 2007 年 3 月 1 日起开始实施，其基本内容如图 3.4 所示。

“标识信息”包含唯一标识资源的有关信息，包括资源的题名（数据集名称）、摘要、目的、主题、贡献者、状态、日期、维护、关联、限制和范围等信息。标识信息元数据模块是必选的，包含必选、条件必选和任选的描述符。

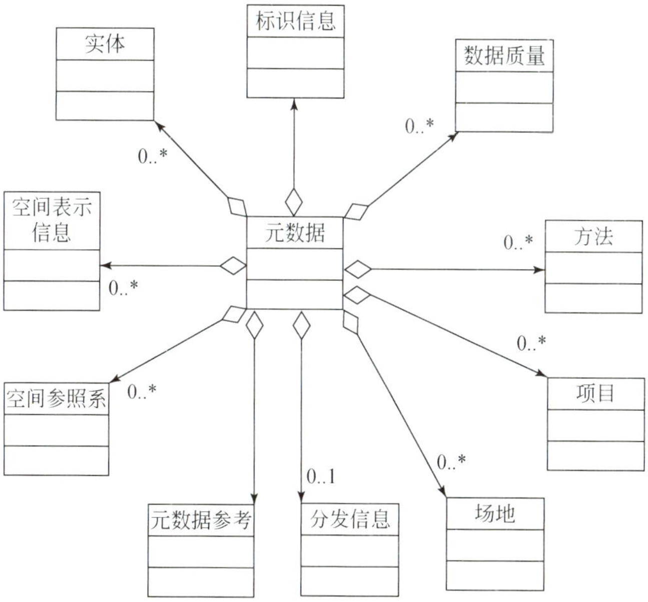

图 3.4　生态科学数据元数据模块组成

“数据质量”说明对数据资源质量的评价，包含质量评价的范围和评价报告。数据质量元数据模块是必选的。“数据质量”也包含必选、条件必选和任选的描述符。

“方法”说明数据资源生产过程中所遵循方法的有关信息，包括试验或者采样、理化分析、观测、调查的方法说明，以及数据质量控制措施等。“方法”是可选的，包含条件必选和任选的描述符。

“场地”说明产生数据的试验或者观测、调查所在场地的有关信息。一般而言，场地信息用于对野外试验或者观测、调查产生的数据的自然环境背景进行说明。场地元数据模块是可选的。

“项目”是对数据集研究背景的说明，包括项目名称、动机与目标、资金、人员等。项目信息包含必选和任选的描述符。在制定元数据应用方案时，根据需要，“项目”可能被选择也可能不被选择作为元数据应用方案的组成部分。

“分发信息”是有关资源如何分发和获取的信息，是分发格式、分发订购程序、传送选项和分发联系人等的聚集。如果对外提供资源发现和访问服务，那么在制定元数据应用方案时，分发信息一般都会被选择作为元数据应用方案的组成部分。

“元数据参考”是对元数据实例自身的说明，包括元数据实例语种、创建与修改日期、联系人、元数据依据标准（元数据应用方案）等。元数据参考包含必选和任选的描述符；元数据参考在组成元数据应用方案时是必选的。

“实体”说明数据集所包含的数据实体的有关信息，用于在数据实体层次上对数据集的结构（包括逻辑结构和物理结构）进行说明。“实体”包含实体名称、描述、类型、覆盖范围、属性信息、约束信息、内部物理格式等。数据实体可能是列表类型的，例如关系数据库数据表、电子表格、具有固定结构的文本文件等，可能是栅格图像、矢量图像，也可能是一般图像、模型、视频文件、音频文件或者其他类型的。

“空间参照系”是数据集使用的空间参照系的说明，它是专门针对空间生态学数据资源的。在制定针对非空间数据资源的元数据应用方案时，不需要选用该描述符。

“空间表示信息”是关于数据集中空间信息表示方法的信息，它是专门针对空间栅格数据集、空间矢量数据集等空间数据资源的。空间表示信息可以分为栅格空间表示、矢量空间和影像表示。栅格空间表示、矢量空间表示和影像表示都包含必选和任选的描述符。

2）生态地面监测数据格式规范

从数据类型上看，生态地面监测数据包括数值数据、图形数据、图片数据等。

（1）数值数据是指通过观测、实验或计算得出的数值结果，包括人工观测、实验获取的数据，也包括观测仪器自动采集的数据。这类数据的主要数据格式为关系型数据库格式（Oracle、SQL Server 等）和文件格式（Excel 文件、文本文件等）。

（2）图形数据主要包括多种类型的地理信息数据。这类数据的格式有矢量数据、栅格数据两类。矢量数据主要为 ESRI Shapefile（shp）格式，栅格数据主要为 geotiff 格式。

（3）图片数据主要指数码相机采集的植物物候图片，主要格式为 jpg、jpeg 等。

4. 生物生态数据标准

生物生态领域的数据标准主要参照相应国家标准和国际标准的基本要求展开，参照标准详细情况参见表 3.2。

表 3.2 生物生态领域推荐标准

序号	标准等级	标准号	中文名称
1	国家标准	GB/T 15628.1—2009	中国动物分类代码 第 1 部分：脊椎动物
2	国家标准	GB/T 20533—2006	生态科学数据元数据
3	国家标准	GB/T 34815—2017	植被生态质量气象评价指数
4	国家标准	GB/T 33919—2017	生物数字标本数据交换规范
5	国家标准	GB/T 15919—2010	海洋学术语 海洋生物学
6	国家标准	GB/T 33027—2016	森林生态系统长期定位观测方法
7	国家标准	GB/T 35377—2017	森林生态系统长期定位观测指标体系
8	国家标准	GB/T 32740—2016	自然生态系统土壤长期定位监测指南
9	国家标准	GB/T 12763.6—2007	海洋调查规范 第 6 部分：海洋生物调查
10	国家标准	GB/T 12763.9—2007	海洋调查规范 第 9 部分：海洋生态调查指南
11	国家标准	GB 17378.7—2007	海洋监测规范 第 7 部分：近海污染生态调查和生物监测
12	国家标准	GB/T 27615—2011	有害生物报告指南
13	国家标准	GB/T 27616—2011	有害生物风险分析框架
14	国家标准	GB/T 27618—2011	植物有害生物调查监测指南
15	国家标准	GB 14923—2010	实验动物 哺乳类实验动物的遗传质量控制
16	国家标准	GB/T 35823—2018	实验动物 动物实验通用要求
17	国家标准	GB/T 35892—2018	实验动物 福利伦理审查指南
18	国家标准	GB/T 25100—2010	信息与文献 都柏林核心元数据元素集
19	国家标准	GB/T 30522—2014	科技平台 元数据标准化基本原则与方法
20	国家标准	GB/T 30523—2014	科技平台 资源核心元数据
21	国家标准	GB/T 31073—2014	科技平台 服务核心元数据
22	国际标准	DWC	达尔文核心（Darwin Core）(Wieczorek *et al.*, 2012)
23	国际标准	ABCD	生物标本数据交换（Access to Biological Collections Data）(TDWG Access to Biological Collections Data Task Group, 2007)
24	国际标准	Audubon Core	多媒体资源元数据框架（Audubon Core Multimedia Resources Metadata Schema）(TDWG Multimedia Resources Task Group, 2013)
25	国际标准		物种 2000 标准数据（Species 2000 Standard Dataset）(Bisby and Rostov, 2005)

5. 大气海洋数据标准

1）大气海洋数据元数据标准

在大气科学相关领域，目前尚无统一的、公认的领域科学数据元数据标准。通常，大气科学数据的元数据分为八个部分，数据的标识信息、数据的质量信息、数据提供者信息、数据的空间参照系统信息、数据的要素分类信息、数据的分发信息、元数据参考信息及引用信息，各部分的具体内容见表 3.3。

表 3.3 大气海洋数据元数据标准详表

元数据组成元素	内容
①数据的标识信息	是关于数据集的基本信息，通过标识信息，可以了解数据集的基本状况，是数据集不可或缺的部分。一般包括数据集名称、概述（目的、现状）、总数据量、时间范围（起止时间等）、空间范围、时间分辨率、空间分辨率、访问权限等
②数据的质量信息	是对于数据集质量的总体评价。一般包括数据要素的精度报告、数据逻辑一致性报告、数据完整性报告及数据志等信息
③数据提供者信息	对数据提供者的信息描述。一般包括提供数据的有关负责单位和个人信息，方便用户通过数据提供者的信息与数据生产单位取得联系
④数据的空间参照系统信息	数据的空间参照系统信息提供数据的坐标参考框架信息。一般包括坐标参照系统名称、地图投影方式、坐标系统维数、坐标方向及坐标单位等信息
⑤数据的要素分类信息	数据的要素分类信息提供数据集中所包含的要素的类型、属性及关系等说明信息，使用者可以通过此要素分类信息了解具体数据集的内容,并通过要素分类信息寻找自己所需要的变量。一般包括要素名称（缩写、代码）、基本要素描述、数据类型、单位等
⑥数据的分发信息	主要描述了有关索取信息所需的数据提供者及索取数据方法的信息，用户可以了解数据集目前被存放在何处、如何索取、获取介质及使用数据集的技术要求和方法等。一般包括数据发行单位详细信息（单位名称、具体联系地址等）、数据发行格式、压缩方式说明、数据量说明、发行介质、数据提供方式、用户订购方式等
⑦元数据参考信息	是有关元数据现状及元数据负责单位的信息。一般包括元数据建立日期、元数据更新日期、元数据标准名称、元数据标准版本及元数据联系信息等
⑧引用信息	引用信息提供了用于数据集的引用或参考资料来源、数据集、模型或文献等信息。一般包括引用文献作者、引用文献名称、引用文献日期、引用文献出版系列名称及其他引用文献信息

2）大气海洋科学数据常用数据格式

大气海洋数据通常有四类：NetCDF 格式、GRIB 格式、HDF 格式和 BUFR 格式，各格式的具体内容见表 3.4。

表 3.4 大气海洋科学数据的常用数据格式

格式分类	简介
NetCDF 格式（Network Common Data Format）	NetCDF 是由美国大气研究协会（UCAR）下的 Unidata 项目科学家针对地球科学数据特点提出的一种面向数组型数据、适用于网络共享的数据描述和编码标准。NetCDF 格式已经被国内外许多行业和组织采用，目前广泛应用于大气科学、水文、海洋学、环境科学等领域。目前采用 NetCDF 格式的资料主要包括再分析资料、卫星资料、数值模式资料等。每个 NetCDF 文件具备报卡号维数、变量、属性和数据四个子域，属性又分为适用于整个文件的全局属性和适用于特定要素变量的局部属性。NetCDF 库提供了创建和读取 NetCDF 文件的接口程序，其他软件也可以读取 NetCDF 文件，包括 NCL、Matlab、Grads、Panoply 等常用大气科学数据处理软件
GRIB 格式	GRIB（Gridded Binary）和 GRIB2（General Regularly-distributed Information in Binary Format）是与计算机无关的压缩的二进制数据编码格式，主要用来存放数值天气预报和分析产品资料，由世界气象组织基本系统委员会（The World Meteorological Organization Commission for Basic System WMO/CBS）制定修改。目前数值模式产品、再分析资料等多使用 GRIB 及 GRIB2 格式存储。GRIB API 是由 ECMWF 开发的用于编解码 GRIB 和 GRIB2 的工具库，提供 C++、Fortran、Python 等语言的 API; wgrib2 时 NCEP 开发的 GRIB2 命令行工具，用于读取、创建和修改 GRIB2 文件。常用气象软件，包括 NCL、GRADS 等均可以对 GRIB 数据进行读取，可以使用 Panoply 软件进行数据可视化处理
HDF 格式（Hierarchical Data Format）	HDF 是美国伊利诺伊大学国家超级计算应用中心（NCSA，National Center for Super computing Application）于 1987 年研制开发的一种软件和函数库，是一种具有自描述性、可扩展性、自我组织型的数据存储格式。1993 年美国国家航空航天局（NASA）把 HDF 格式作为存储和发布 EOS（Earth Observation System）数据的标准格式。在 HDF 标准基础上，开发了另一种 HDF 格式，即 HDF-EOS，专门用于处理 EOS 产品。使用标准的 HDF 数据类型定义了点、条带、栅格三种特殊数据类型，并引入了元数据（Metadata）。HDF5 则是为了充分利用当今计算机系统的能力和特点，克服 HDF（为区别，将原有 HDF 标准定为 HDF4）的不足，为了满足科学数据存储不断增加而设计的文件格式和库文件。HDF5 支持管理超过 2GB 大小的文件，还支持并行 IO。类似的，也有一个基于 HDF5 的 HDF-EOS5 标准。HDF4 和 HDF5 标准互不兼容。HDF，HDF-EOS，HDF5，HDF-EOS5 数据多用于卫星资料的存储和发布。HDF 库提供了创建和读取 HDF 文件的接口程序，其他软件也可以读取，包括 NCL、Matlab、IDL 等工具软件
BUFR 格式	BUFR（Binary Universal Form for Representation of meteorological data）是世界气象组织（WMO）推荐的用于气象资料的编码格式 - 表格驱动码编码的通用二进制表示格式。广泛应用于气象观测资料中

需要说明的是，海洋数据涉及学科较多，依据不同学科数据使用习惯，推荐美国国家环境信息中心（NCEI）数据存储格式（NCEL，2020）及中国国家标准《海洋数据应用记录格式（GB/T 12460—2006）》两种数据记录格式。其中 NCEI 数据采用 NCEI NetCDF 格式存储。海洋生物、化学等相关专业不熟悉 NetCDF 存储格式的人员，推荐采用 NCEI Bioxls 方式存储（NCEI，2020）。

国家标准《海洋数据应用记录格式（GB/T 12460—2006）》中的数据一般分为表头记录、数据环境记录、数据记录、说明记录、海洋数据代码等方面的内容。根据海洋学科、数据来源不同，又分为海洋水文数据、海洋气象数据、海洋生物数据、海洋化学、污染数据、海洋声、光要素调查数据、海洋地质地球物理调查数据，海洋台站观测数据，海洋综合数据等，分别依据标准中不同部分的存储格式进行存储。

相关资料的处理方法可参照以下标准：

GB/T 12763.2—2007 海洋调查规范 第 2 部分：海洋水文观测；

GB/T 12763.3—2007 海洋调查规范 第 3 部分：海洋气象观测；

GB/T 12763.4—2007 海洋调查规范 第 4 部分：海洋化学要素调查；
GB/T 12763.5—2007 海洋调查规范 第 5 部分：海洋声、光要素调查；
GB/T 12763.6—2007 海洋调查规范 第 6 部分：海洋生物调查；
GB/T 12763.7—2007 海洋调查规范 第 7 部分：海洋调查资料交换；
GB/T 12763.8—2007 海洋调查规范 第 8 部分：海洋地质地球物理调查；
GB/T 12763.9—2007 海洋调查规范 第 9 部分：海洋生态调查指南；
GB/T 12763.10—2007 海洋调查规范 第 10 部分：海底地形地貌调查；
GB/T 12763.11—2007 海洋调查规范 第 11 部分：海洋工程地质调查。
海洋遥感数据标准建议与专项其他项目的遥感数据标准一致。

6. DataBank 全球遥感影像地理格网及其产品规范

该标准规定了 DataBank 中遥感影像产品按照 UTM 地理格网的划分与编码方法和 RTU 地理格网产品规范，适用于地面分辨率优于 100m 的遥感影像产品的地理格网分幅与编码和 RTU 地理格网产品的生产（详见附录 4）。

7. 数字地球科学平台数据定制标准

数字地球科学平台可支持的数据类型包含以下八种：栅格数据、矢量数据（李金贵和翁敬农，2015）、视频数据、图片数据、文本数据、倾斜摄影数据（王卿等，2013）、模型数据及数字高程（牛新宇等，2018）。每种数据类型的常见格式如表 3.5 所示。

表 3.5　数字地球科学平台支持的数据类型与格式

数据类型	数据格式	举例
栅格数据	Geotiff、mbtiles、img、bmp、png、jpeg、grd	遥感影像数据
矢量数据	Geojson、topojson、shp、kml/kmz、ST_Geometry	道路数据
视频数据	mp4、wmv、avi、HD mp4、HD wmv、HD avi	生物影像
图片数据	Jpg、jpeg、gif、bmp、png	生物标本图片
文本数据	Json、asc、sql、csv、xls、xlsx	温度数据、洋流数据
倾斜摄影数据	Osgb	无人机拍摄数据
模型数据	flt、ive、3ds	遗迹模型
数字高程	egc、tiff、raw	地形高度

3.5 数据资源的质量控制

为提供高质量的数据产品，专项制定了“汇交数据元数据信息表”，委派数据质量审核单位进行质量审核。审核单位根据“共享数据集明细表”对汇交数据产品的一致性和质量进行审核，并填写“数据质量情况审核表”（详见附录 5）。审核事项包括以下七个方面：①汇交数据的内容和范围与“共享数据集明细表”是否一致；②汇交数据的体量与“共享数据集明细表”是否一致；③汇交数据的时空分辨率、更新周期和投影等与“共享数据集明细表”是否一致；④汇交数据的类型与格式与“共享数据集明细表”是否一致；⑤汇交数据是否符合国家保密法律法规；⑥汇交数据的质量评估；⑦汇交数据的科学价值和使用价值评估等。

专项项目、课题和子课题承担单位对所汇交的数据质量负责，应积极配合审核出现的不通过项，对照审核意见完成数据整改，直至全部数据产品审核全部通过。对审核意见或仲裁意见存在争议的，专项项目、课题和子课题承担单位可提出申诉，由专项办会同数据质量审核单位与专项项目、课题和子课题负责单位进行仲裁，做出维持原审核意见或要求数据质量审核单位重新出具审核意见的决定。“数据质量情况审核表”同时向专项办和专项项目、课题和子课题承担单位反馈，作为评价专项项目、课题和子课题单位数据汇交工作的主要依据。专项项目、课题和子课题单位数据汇交工作以其“数据质量情况审核表”无不通过项为结束时间点。子课题数据汇交工作完成情况应作为专项项目、课题和子课题验收评估的重要考核因素。

为实现数据质量的有效管理，研发了数据质量检查平台，面向专项数据管理过程中数据质量检查方面的需求，实现对遥感数据、地面监测数据、生物生态数据、大气与海洋数据及基础地理数据等领域数据的在线质量检查，从根源上控制数据汇交过程中的质量问题，从而提升专项的数据质量。

数据质量检查平台基于微服务架构，采用互联网模式提供集中式的平台服务，能够实现对学科领域数据质量评价指标与评价方法的总体管理，针对不同学科领域数据特征提供个性化的评价指标与评价方法集合，实现了从数据管理—专家管理—分配审核专家—专家登录并审核数据—评审结果汇总与展示的全流程化数据质量在线评估，为专项各层次管理者全面掌握当前数据质量水平及进一步决策提供参考依据。数据质量检查流程示意图见图 3.5。

- 数据管理：支持数据的增加、修改、多维度查询及导出等业务功能。
- 专家管理：支持专家创建账号、编辑、查询、删除等业务功能。
- 分配审核专家：支持管理员针对待评数据分配一个或多个评审专家。

图 3.5 数据质量检查流程示意图

- 专家登录并审核数据：评审专家可以在线查看待评数据的任务列表，支持基于不同学科领域数据特征，依据评估指标管理后台配置，提供相适应的个性化评估表单功能。评审专家可在线对每项数据进行评分并填写评审意见。
- 评审结果汇总与展示：支持下载各个分类的评分详细结果、在线查看每项数据的评分及各个分类的评分排名在线查看和下载。

3.6 数据资源管理关键技术研发

3.6.1 数据存储关键技术

数据存储是将采集的数据集持久地存储到计算机中以供使用的过程。从底层框架方面来看，传统的数据存储模式可以分为直连式存储、网络连接存储、存储区域网络、对象存储等技术；从存储方式方面看，数据存储模式可以分为分布式共享和集群存储两种（程耀东和陈刚，2014；Aisha *et al.*，2017）。随着数据量的激增和数据格式的多样化，传统的数据存储方式已经难以适合当前数据的特点和存储管理方式，数据存不下、找不到、用不了等问题不断凸显（任柯，2016）。随着云技术的发展，云存储成为一种典型的数据存储方式，它将网络技术、计算资源和数据资源合理高效地整合到云端，将网络中分布在不同节点上的存储设备集合成一个虚拟存储设备。与传统的分布式存储相比，其最大的区别在于将资源的逻辑映象与物理存储分开以实现存储虚拟化，以及对硬件资源抽象化。云存储机制主要分为控制节点和存储节点（吴明礼和张宏安，2015）：在文件读取过程中，客户端发送读取请求后，控制节点根据请求找到文件索引返回，客户端按照返回信息访问存储节点并查找到文件；在文件写入过程中，客户端发送写入请求后，控制节点根据请求检查空间容量并分配空间，客户端按照返回信息写入文件并返回给控制节点。

目前，云存储基本应用在以下几个方面：①结合分布式扩展模式和 SAN 模型的高速直接数据存储，典型应用为 EMC 的 VMAX 系列；②结合云和网络附加 NAS 模型的文件数据存储，典型应用为 EMC 的 iSlion 和惠普的 IBRIX；③结合云和 NAS 模型的对象数据存储，典型应用为华为的Ocean-Store。在行业领域，Google自主开发的GFS就是典型的云存储系统。Amazon的云存储平台、IBM Total Storage SAN文件系统，以及Hadoop的HDFS等都得到了广泛支持。HDFS面向大文件（GB级别及以上）的存储管理，可运行在数万个基于普通X86架构的商用机集群上，适合一次性写入、多次读取的应用场景。为应对节点故障，HDFS还引入多个数据备份和容错机制，保证存储系统的高可用性。其他常见的分布式文件系统还包括Ceph、Amazon S3、FastDFS、GridFS、MogileFS、TFS等，可作为HDFS的重要补充。

3.6.2 数据分析关键技术

数据分析是指用适当的分析方法对采集存储的大量数据进行分析，提取出有用信息并形成结论，然后对数据加以详细研究和概括总结的过程。科学大数据分析面临着超大规模关系数据管理、多源数据关联与知识发现、科学计算的高效数据处理、以流水线方式实现海量数据资源与科学模型的快速融合与并行处理等问题（徐佳宁和王婉，2014）。这些复杂模糊问题的解决方案，需要更具明确规则的计算机算法来辅助处理。为此，机器学习便作为一种新的人工智能方法而出现。其核心在于有意义的变换数据，整体原理可以解释为“数据+答案+学习=规则”（Han *et al.*，2013）。机器学习是人工智能发展到一定阶段的必然产物（周志华，2016），海量数据和高效算力是支撑机器学习算法实现的基础，其理论与方法不仅被广泛应用于解决多种复杂的工程应用问题，也为交叉学科发展提供了重要的技术支撑（中国信息通信研究院，2018）。

2017年12月15日，美国国家航空航天局（NASA）宣布确定了距离地球2545光年的开普勒90星系中的两颗新发现的行星，这是人类发现的首个和太阳系一样的星系，被称为“第二个太阳系”。此次成果是NASA的科学家与Google合作使用机器学习对开普勒望远镜数据进行分析得出的，其效率和准确性远超传统的分析方法，这个事例可以看成数据模型和机器学习的结合。在科学大数据时代，这种“理论模型+试验数据”的科研模式为科学数据研究提供了新方法，通过数据与模型的有效融合，验证理论算法的适用性，并促进理论的不断完善。借助“物理模型+试验数据”的双轮驱动，可以发现新模式，预测关系，表征和模拟复杂的系统和动态，它将改变人类生活及对世界的深层理解。

3.6.3 数据融合关键技术

科学大数据时代，人们面临的最根本挑战是从数据中凝练可领悟的知识，将数据、信息及知识片段之间多维度、多粒度的关联关系从更多层面交互融合。数据融合已广泛应用于多个领域，如IBM的Watson利用大数据融合技术辅助认知商业发展，生命科学领域用Bio2RDF、NeuroCommons等知识图谱做问答和决策等。大数据融合不同于传统数据库领域的数据集成技术和人工智能与认知科学领域的知识融合技术（祝振媛和李广建，2017），其需要用动态的方式统一不同的数据源，将离散的数据转化为统一的知识资源，然后将所获得的笼统知识转化为可领悟的知识，面向需求提供知识服务，它需要挖掘隐含知识，寻求知识关联，进而实现知识的深层次理解，以便更好地解释数据。未来，数据与知识融合的步伐将会更加快速，而且融合的范围会扩展到数据以外的自然对象。

3.6.4 数据共享关键技术

科学数据分布散乱、体量巨大，在共享过程中存在格式标准不一、隐私安全泄露、激励机制不健全等多种问题。近年来，区块链技术逐步为数据共享提供新的解决方案。区块链，作为一种新的基础架构和分布式计算范式，具有分布式高冗余存储、时序数据且不可篡改和伪造、去中心化信用、自动执行的智能合约、安全和隐私保护等显著特点（袁勇和王飞跃，2016）。为此，区块链技术可以存储和保护重要隐私数据，避免因中心化机构遭受攻击或权限管理不当而造成的大规模数据丢失或泄露（薛腾飞等，2017）。

在区块链系统中，任意数据均可通过哈希运算生成相应的 Merkle 树并打包记入区块链，通过系统内共识节点的算力和非对称加密技术来保证安全性。加密算法和共识机制，可防止共享中的抵赖、篡改和欺诈行为。借助区块链的分布式决策模式，可有效去除中间机构，对交易数据进行自动化处理、传输和存储，大幅提升数据共享效率（丁伟等，2018）。未来的数据采集、处理和分析流程将会经由区块链而快速在链一体化实现。此外，随着技术的不断完善，分布式边缘计算也将会发挥更大的作用。

3.6.5 多流程数据管理技术

科学大数据具有明显的涉及全过程的全生命周期特征和流水线处理特征，一条流水线不仅涉及不同的数据处理环节，还涉及多元的大数据管理与处理系统，一个完整的科学发现过程往往需要多个流水线并行（黎建辉等，2017）。采集与实时分析阶段主要完成数据的采集、筛选、处理和分析；存储与处理主要完成对所筛选数据的持久化存储并完成初步的科学分析；发布与共享主要形成数据集产品发布并提供数据共享和交换服务；再分析与重用主要支持用户对数据集进行二次整合分析；归档与长期保存主要完成海量历史数据的长期保存。以 GWAC 为例，其数据采集分析流水线包括天区图采集、图像处理、点源提取、交叉认证、光变曲线处理等步骤。因此数据管理必须与科学发现的过程有机结合，要实现科学数据的采集、存储、分析处理、发布与关联融合、归档等多流程甚至全流程管理，支持数据按需快速流动，支持各种类型的科学数据流水线的动态集成与调度。

以集成多学科领域数据的科学大数据管理系统——BigSDMS（Big Scientific Data Management System）为例，该项目依托国家重点研发计划项目“科学大数据管理系统”

和中国科学院“十三五”信息化建设“科学大数据工程”项目，由中国科学院计算机网络信息中心联合国内 20 多家科研单位研发而成。BigSDMS 系统主要通过弹性部署、流水线、融合查询和数据共享四个部分来实现数据集成（黎建辉等，2018）：弹性部署方案综合使用渐进式和定量式伸缩的方法来实现数据容量存储；流水线处理方案则对处于未知状态、活跃状态和休眠转态的数据单元实施全流程监控；融合查询方案基于 SparkSQL 数据接口，通过 SQL 语言实现多种数据源的融合查询分析；数据共享方案运用区块链技术对数据进行加密存储和产权认证，力求通过积分机制实现数据的市场化交易和管理。

参考文献

程耀东，陈刚 . 2014. 科研大数据平台关键技术与实践 . 工程研究 – 跨学科视野中的工程，(3): 266 ～ 274.

丁伟，王国成，许爱东，陈华军，洪超 . 2018. 能源区块链的关键技术及信息安全问题研究 . 中国电机工程学报，38(4): 1026 ～ 1034, 1279.

郭华东 . 2018a. 利用地球大数据促进可持续发展 . 新华网，http://www.xinhuanet.com/politics/2018-07/30/c_1123197009.htm

郭华东 . 2018b. 地球大数据科学工程 . 中国科学院院刊，33(8): 818 ～ 824.

郭经 . 2011. 国外遥感数据格式标准及启示 . 航天标准化，(4): 29 ～ 31, 33.

国家标准总局 . 1981. GB 2808—81 全数字式日期表示法 . 北京：中国标准出版社 .

国家技术监督局 . 1990. GB 12409—1990 地理格网 . 北京：中国标准出版社 .

国家技术监督局 . 1993a. GB 14051—1993 地形图用色 . 北京：中国标准出版社 .

国家技术监督局 . 1993b. GB/T 14512—93　1 ∶ 1000000 地形图编绘规范及图式 . 北京：中国标准出版社 .

国家技术监督局 . 1997. GB/T 16831—1997 地理点位置的纬度、经度和高程的标准表示法 . 北京：中国标准出版社 .

国家技术监督局 . 1998. GB/T 17278—1998 数字地形图产品模式 . 北京：中国标准出版社 .

国家科技基础条件平台中心 . 2016. 国家科学数据资源发展报告（2016）. 北京：科学技术文献出版社：17 ～ 18.

国家质量技术监督局 . 1999a. GB/T 17797—1999 地形数据库与地名数据库接口技术规程 . 北京：中国标准出版社 .

国家质量技术监督局 . 1999b. GB/T 17798—1999 地球空间数据交换格式 . 北京：中国标准出版社 .

国家质量技术监督局 . 2001a. GB/T 18315—2001 数字地形图系列和基本要求 . 北京：中国标准出版社 .

国家质量技术监督局 . 2001b. GB/T 18316—2001 数字测绘产品检查验收和质量评定 . 北京：中国标准出版社 .

国家质量技术监督局 . 2001c. GB/T 18317—2001 专题地图信息分类与代码 . 北京：中国标准出版社 .

科学技术部基础研究司 . 2014. 科技部基础研究司关于开展科技基础性工作专项项目科学数据汇交培训工作的通知（附件 3）. http://www.most.gov.cn/tztg/201406/t20140625_113919.htm.2014-6-25.

黎建辉，李跃鹏，王华进等 . 2018. 科学大数据管理技术与系统 . 中国科学院院刊，33(8): 796 ～ 803.

黎建辉，沈志宏，孟小峰 . 2017. 科学大数据管理：概念、技术与系统 . 计算机研究与发展，54(2): 235 ～ 247.

李金贵，翁敬农 . 2015. 数字地球环境下矢量数据可视化方法研究与应用 . 测绘通报，(6): 112 ～ 115.

牛新宇，耿贺松，耿敬，韩宇，陈博文 . 2018. 基于 Google Earth 数据的水运工程数字地形快速构建方法 . 水运工程，(5): 67 ～ 71.
任柯 . 2016. 大数据云存储的技术优化的仿真 . 计算机仿真，33(5): 385 ～ 388.
王卿，吴晓明，刘力荣，李豪 . 2013. 倾斜摄影的量测方法研究 . 测绘与空间地理信息，(9): 54 ～ 55, 61.
吴明礼，张宏安 . 2015. 数据存储技术综述 . 北方工业大学学报，27(1): 30 ～ 35, 55.
徐佳宁，王婉 . 2014. 结构化、关联化的开放数据及其应用 . 情报理论与实践，37(2): 53 ～ 56.
薛腾飞，傅群超，王枞等 . 2017. 基于区块链的医疗数据共享模型研究 . 自动化学报，43(9): 1555 ～ 1562.
袁勇，王飞跃 . 2016. 区块链技术发展现状与展望 . 自动化学报，42(4): 481 ～ 494.
张小强，李欣 . 2015. 数据出版理论与实践关键问题 . 中国科技期刊研究，(8): 813 ～ 821.
中国信息通信研究院 . 2018. 2018 世界人工智能产业发展蓝皮书 . http://www.caict.ac.cn/kxyj/qwfb/bps/201809/P020180918696199759142.pdf [2019-03-29].
中华人民共和国国家质量监督检验检疫总局 . 2001. GB/T 18391.3—2001 信息技术数据元的规范与标准化 第 3 部分：数据元的基本属性 . 北京：中国标准出版社 .
中华人民共和国国家质量监督检验检疫总局，中国国家标准化管理委员会 . 1991. GB/T 2260—1991 中华人民共和国行政区划代码 . 北京：中国标准出版社 .
中华人民共和国国家质量监督检验检疫总局，中国国家标准化管理委员会 . 2006. GB/T 20533—2006 生态科学数据元数据 . 北京：中国标准出版社 .
中华人民共和国国家质量监督检验检疫总局，中国国家标准化管理委员会 . 2005a. GB/T 19710—2005 地理信息 元数据 . 北京：中国标准出版社 .
中华人民共和国国家质量监督检验检疫总局，中国国家标准化管理委员会 . 2005b. GB/T 7408—2005 数据元和交换格式 信息交换 日期和时间表示法 . 北京：中国标准出版社 .
中华人民共和国国家质量监督检验检疫总局，中国国家标准化管理委员会 . 2007. GB 21139—2007 基础地理信息标准数据基本规定 . 北京：中国标准出版社 .
中华人民共和国国家质量监督检验检疫总局，中国国家标准化管理委员会 . 2014a. GB/T 30522—2014 科技平台 元数据标准化基本原则与方法 . 北京：中国标准出版社 .
中华人民共和国国家质量监督检验检疫总局，中国国家标准化管理委员会 . 2014b. GB/T 30523—2014 科技平台 资源核心元数据 . 北京：中国标准出版社 .
中华人民共和国国家质量监督检验检疫总局，中国国家标准化管理委员会 . 2016a. GB/T 32739—2016 土壤科学数据元数据 . 北京：中国标准出版社 .
中华人民共和国国家质量监督检验检疫总局，中国国家标准化管理委员会 . 2016b. GB/T 32843—2016 科技资源标识 . 北京：中国标准出版社 .
中华人民共和国国家质量监督检验检疫总局，中国国家标准化管理委员会 . 2017. GB/T 35643—2017 光学遥感测绘卫星影像产品元数据 . 北京：中国标准出版社 .
周志华 . 2016. 机器学习 . 北京：清华大学出版社 .
祝振媛，李广建 . 2017. “数据—信息—知识”整体视角下的知识融合初探——数据融合、信息融合、知识融合的关联与比较 . 情报理论与实践，40(2): 12 ～ 18.
Aisha S, Ahmad K, Abdullah G. 2017. Big data storage technologies: a survey. Frontiers of Information Technology & Electronic Engineering, 18(8): 1041 ～ 1072.

Bisby F A, Rostov Y R. 2005. Species 2000 Baseline documents: Standard dataset, version 3.2. Species 2000.

Han J W, Kamber M, Pei J. 2013. 数据挖掘：概念与技术 . 范明 . 孟小峰译 . 北京 : 机械工业出版社 : 16.

IX-ISO. 2003. ISO 19115: 2003 Geographic information—Metadata.

NCEI. 2020. Ocean data formats and codes. https://www.ncei.noaa.gov/resources/ocean-data-format-codes [2020-06-10].

TDWG Access to Biological Collections Data Task Group. 2007. Access to Biological Collection Data (ABCD), Version 2.06. Biodiversity Information Standards (TDWG). http://www.tdwg.org/standards/115 [2005-09-16].

TDWG Multimedia Resources Task Group. 2013. Audubon Core Guide. Biodiversity Information Standards (TDWG). http://rs.tdwg.org/ac/doc/guide/ [2013-10-15].

Wieczorek J, Bloom D, Guralnick R, Blum S, Döring M, Giovanni R, *et al*. 2012. Darwin Core: an evolving community-developed biodiversity data standard. Plos ONE, 7(1): e29715. https://doi.org/10.1371/journal.pone.0029715.

地球大数据科学工程

数据共享蓝皮书（2019）

Report on Data Sharing of
Big Earth Data Science
Programme（2019）

第四章

地球大数据开放共享进展

4.1 专项 2018 年度数据资源建设年度进展

2018 年汇交数据涵盖资源、环境、生物、生态等多个领域。汇交数据涉及专项九个项目 82 个子课题，全部汇交至专项平台，储存于中国科学院计算机网络信息中心。其中，新增数据主要包括遥感数据、地面监测数据、生物生态数据、基础地理数据、大气与海洋数据等。截至 2018 年末的数据资源建设与开放共享总体情况如下。

4.1.1 卫星数据

已有产品主要包含国际陆地卫星（Landsat、Sentinel、MODIS、GOES、GOSAT、OCO-2 等）和大气海洋卫星（FU2D、NOAA、NSIDC 等）数据 196.24TB。

4.1.2 野外观测台站数据

已有的数据包含 CERN 21 个陆地站生物量数据、5 个水体站水环境数据、40 个台站气象辐射数据及公开发表的 9 篇数据论文，ChinaFLUX 8 个站点的通量观测数据（2003～2005 年），5 个大气本底站及 74 个环保部共享数据站点大气本底数据（2012～2014 年）、中国近海（东海、黄海）站点数据（2017）、物候网 10 个站点观测数据（1963～2015 年）、高寒网 17 个站点气象数据集（2014～2017 年）和青藏高原栅格气象数据集（1979～2016 年）。此外，还包括 2000～2010 年社会经济格网数据、青藏高原区、南极观测点、东北地区、典型湖泊等生态环境数据集等。已有自主知识产权的地面监测数据 827.28 万条，空间数据产品约 7.60GB。

4.1.3 数字“一带一路”

数据覆盖“一带一路”典型地区、“六大经济走廊”、关键区三大空间尺度，共计 236 个产品（总量约 694.75TB）。目前已有数据产品共 28 个，数据量 450.9GB；其中，“一带一路”全域产品 7 个（40GB），廊道产品 9 个（153MB），典型区产品 12 个（410.7GB）。

4.1.4 全景美丽中国

目前已有我国水资源（1960 年至今）、土地资源（1980 年至今，每年）、能源矿产、植被（1900 ~ 2010 年）及旅游资源的历史数据（1980 年至今）；当今分布格局与演变数据和未来情景模拟预测数据；我国大气环境历史数据集（2000 年至今）、观测站大气污染资料与数值模拟数据集（约 400 站点）、遥感再分析数据集（2000 年至今）及大气环境关键要素预测数据集（含 PM10、PM2.5、SO_3、O_2、CO 等 20 个以上要素）；面向“三生”空间的生态与资源安全数据集，包含典型区域（京津冀）土壤与水环境污染（黑臭水体、工业污染等）数据集（约 20 个），全国各类（10 类以上）农产品消费与结构数据集（1990 年至今），以及全国逐年重大自然灾害数据集（1980 ~ 2017 年）。全国城市及重点区域（分省、农村、特大城市）的社会、经济、环境、人口要素数据集，城市可持续发展评价集；2010 ~ 2015 年全国基础地理数据、社会经济产品、社会经济空间化数据库、网络挖掘数据库。以上数据集（库）约 198 个，数据总量约 37.5TB。

4.1.5 生物多样性与生态安全

以生物物种为核心，广泛整合文献及国内外相关数据库，加工产出中国古脊椎动物数据、中国古人类数据、古 DNA 数据和三维数字形态数据、CASEarth 生命百科、物种性状特征数据集、生物物种名录、在线中国生物地图、生物遗传资源数据、原始组学数据、重要生物 DNA 条形码数据和植物迁地保护数据等系列数据产品；建设全球古生物分类名录及化石标本数据、全球微生物资源目录、原始组学数据等具有国际影响力的数据库；研发 1：50 万植被类型图、物种智能识别工具、大数据在线分析挖掘系统及 BioONE 搜索引擎。

2018 年已有研究基础和资助所获得的无人机光学影像数据集、高等植物红色名录、环境要素监测数据集、生态系统评估参数集等数据集 19 个，数据量 502TB；已建立的古生物剖面化石分布和产出记录、古植物与现存植物标本、全球微生物菌种目录数据库、全国典型县域与生态系统及生态系统服务等数据库 26 个，数据量 500TB。

4.1.6 三维信息海洋

2018 年已提交的数据集包括中国科学院海洋研究所、中国科学院烟台海岸带研究所、中国科学院南海海洋研究所承担科研任务长时间积累的水文、化学、生物、地质等观测数据；2007 年至今近海监测网络数据产品等。共计 23 个数据集，数据量 1.82TB。

未来将汇交数据集包括中国科学院海洋研究所“热带西太平洋海洋系统物质能量交

换及其影响”A类先导专项数据资源；中国科学院深海科学与工程研究所“海斗深渊前沿科技问题研究与攻关”B类先导专项数据资源等；新产生的基于国际开放数据库的全球海洋环境数据；海岸带、南海岛礁及周边岸带、印度洋及全球等遥感数据；中国科学院近海监测网络数据产品；热带西太平洋潜标矩阵观测数据；中国科学院海洋研究所、中国科学院烟台海岸带研究所项目执行期间所获取的海洋调查数据与产品；西太平洋海山等深海调查数据。项目执行期间所产生的全部同化数据产品和模式数据产品。共计166个数据集，数据量33.91TB。

未来可汇交数据库包括新整合的中国近海与海岸带多源综合数据库、西太平洋海山生态信息、深海生物/真核微生物信息、典型热液冷泉多源数据、马里亚纳海沟多源数据、印度洋及重点港口区灾害信息等数据库。共计15个，数据量16.16TB。

4.1.7 时空三极环境

已有数据集包括冰川/冰盖、冻土、积雪和河湖海冰等冰冻圈数据、水文/水循环数据、植被与生态数据、大气（特别是再分析数据）及社会经济数据。相关数据集来自世界数据中心兰州冰川冻土学科中心、西部生态环境科学数据中心、青藏高原科学数据中心，关键数据集97个，数据体量约7TB。

4.1.8 数字地球科学平台

已有数据集10种。其中，全球中低分辨率（百米级到公里级）时序空间信息产品数据八种，主要包括全球植被叶面积指数、全球归一化差值植被指数、全球森林覆盖度、全球水域年度覆盖百分比、气溶胶光学厚度融合产品、全球温室气体等时间序列产品，主要产品周期15年以上；全球中高分辨率（米级到30m级）典型信息产品两种，主要包括2000年亚洲、2010年全球、2015年全国地表反射率产品，2013年全国地表覆盖类型产品等。

4.2 数据资源汇聚与共享服务进展

2018年起，专项研究制定了《专项数据共享管理办法》等数据汇交、管理与开放共享的政策体系和具体推进措施；制定了详细的数据管理和汇交计划，形成专项

2018～2022 年数据共享任务清单，预计 2022 年数据量将达到 17PB；启动数据共享蓝皮书的编写以及优秀数据集出版试点工作；研究制定数据标准规范，研发数据共享服务系统，开展专项数据质量评估，并将优质数据分批对外开放共享。

2019 年 1 月 15 日，中国科学院在京召开新闻发布会，正式发布了专项 2018 年度成果——地球大数据共享服务平台。此次重点发布的是地球大数据共享服务平台的两个核心系统——数据共享服务系统、CASEarth Databank 系统，以及一个区域系统——数字丝路地球大数据系统。

地球大数据共享服务平台是集成多领域海量数据，服务数据驱动的科学发现与决策支持的科学平台。该平台以共享方式为全球用户提供系统、多元、动态、连续并具有全球唯一标识规范化的地球大数据，建立数据、计算与服务为一体的数据共享系统，推动形成地球科学数据共享新模式。目前共享数据总量约 5PB，其中对地观测数据 1.8PB、生物生态数据 2.6PB、大气海洋数据 0.4PB、基础地理数据及地面观测数据 0.2PB；地层学与古生物数据库 49 万条数据记录、中国生物物种名录 360 万条、微生物资源数据库 42 万条、生物组学数据目前在线 10 亿条。目前用户在线能够通过不同方式检索到 40% 数据，随着软硬件条件的不断成熟，数据将陆续上线，并且每年将以 3PB 的数据量进行更新。

地球大数据共享服务系统（http://data.casearth.cn）是专项数据资源发布及共享服务的门户窗口，是地球大数据共享服务平台核心系统之一，系统界面见图 4.1，目前能提供 5PB 数据的共享服务。该系统基于专项数据特点，可提供项目分类、关键词检索、标签云过滤、数据关联推荐等多种数据发现模式，同时提供在线下载、应用程序编程接口访问等多种数据获取模式，支持可定制的多格式数据在线查看、预览和查询，并能够应对各种个性化需求，进行统计、收藏、推荐、下载和评价服务。数据共享服务系统采用全球唯一标识，随时随地精准定位与解析，是国内首次遵照国家标准《信息技术科学数据引用（GB/T 35294—2017）》在国家重大项目数据共享平台发布数据引用，为数据有序化关联及全生命周期管理提供保障。地球大数据专项汇交并对外发布的全部元数据，用户可以利用这个系统，根据数据共享权限进行共享服务。截止到 2019 年 11 月，有 115 个国家的 5 万余用户访问该系统，系统在线总访问量超过 350 万次。

图 4.1　地球大数据共享服务系统页面

CASEarth Databank 系统提供长时序的多源对地观测数据即得即用产品集，包括 1986 年中国遥感卫星地面站建设以来 20 万景（每景 12 种产品，共计 240 万个产品）的长时序陆地卫星数据产品，如基于“高分一号”、“高分二号”、“资源三号”卫星等国产高分辨率遥感卫星数据制作的 2m 分辨率动态全国一张图，利用高分卫星、陆地卫星等国内外卫星数据制作的 30m 分辨率动态全球一张图，以及重点区域的亚米级即得即用产品集等。该系统制定全球遥感数据产格网规范，自主研发了高效的对地观测数据引擎 Databox，引入人工智能等先进技术，面向一般用户、行业用户和科学家用户，提供不同层次的对地观测数据分析与信息挖掘服务。未来，用户不仅可以利用其数据、计算和技术来实现应用，也可以上载多源数据，嵌入算法模型，并结合系统资源来完成特定的专题信息挖掘、知识发现和融合决策。

数字丝路地球大数据系统，包括“一带一路”区域资源、环境、气候、灾害、遗产等专题数据集 94 套、自主知识产权数据产品 57 类、共享数据超过 120 万亿字节。目前，该系统已具备千万亿字节级的软硬件环境，在国际上率先研发了通用大数据平台下地球大数据提取、转换与加载工具集，实现了六大类数据的检索、共享、产品可视化展现，并通过中、英、法等多语言版本在国际相关单位实施共享。

与此同时，围绕数据资源管理的全流程，定制完成了数据共享任务管控系统、数据汇交系统、数据质量评估系统的建设，形成数据管理全链条、透明化管理。

1）数据共享任务管控系统

数据共享任务管控系统面向地球大数据专项数据资源管理的各个环节，从专项数据资源的汇交任务、数据资源的汇交、数据资源的在线共享及数据资源的用户等多个业务层面的运行数据进行集中的收集、整理与分析，全面监控地球大数据专项数据资源的汇交进展及共享情况，从而实现对专项数据资源的全面管理与把控。

数据共享任务管控系统已于 2019 年 8 月 20 日试运行上线（http://monitor.casearth.cn），已完成与数据汇交系统、数据共享服务系统的系统对接，实现了针对这两个系统运行数据的自动化收集与分析，并以图、表的方式展现运行数据监控结果，目前可在线实时展示专项数据汇交进展情况、已共享数据资源的各项共享指标及用户使用情况三个方面信息。

2）数据汇交系统（http://repository.casearth.cn）

地球大数据专项数据汇交系统汇聚了中国科学院长期积累的海量多元科学数据资源及专项产生的专题数据产品等，提供安全、稳定、规范的数据在线汇交与出版服务，使得出版数据具备可发现性、可重用性和可引用性。

数据汇交系统面向灵活的专项目录层级管理，提供元数据模板管理与定制功能、支持中英文元数据采集，支持提供 GB 级实体数据文件在线汇交、FTP 数据汇交及离线数据汇交和关联等多种数据汇交方式，提供统一的 API 服务，高效率地满足数据质量评估和数据共享服务需求。

数据汇交系统 1.0 版本已于 2018 年 12 月全面上线服务，并已承担地球大数据专项

2018 年的数据在线汇交工作。系统可满足不同专项、项目类型的元数据与实体数据的汇交要求。

3）数据质量评估系统

数据质量评估系统面向地球大数据专项所汇交数据资源提供在线数据质量评估服务，目前提供数据产品集管理、分学科的评估表单管理、分配质量评估专家、基于云桌面的在线质量检查、在线评估意见提交及在线评估结果的汇总统计与打印等功能，实现了评估结果与数据汇交系统的对接及提供数据评估结果查询接口服务。

数据质量评估系统已于 2019 年 9 月 10 日试运行上线，承担了遥感、地面监测、生物生态、基础地理、大气、海洋六个学科领域 2018 年底汇交数据资源的质量检查工作，全面评估当前汇交数据质量，为数据资源进一步的在线共享提供质量保障。

4.3 年度数据服务案例选编

4.3.1 数据资源全力支持科学研究

1. 全球卫星数据支持秋季物候变化新成果

植被是陆地生态系统的重要组成部分，其物候变化和碳循环年际变化密切相关，是众多生态系统模型的一个重要参数，因而也是全球变化领域的一个研究热点。专项研究人员联合美国、欧洲等国家的全球变化领域专家，开展了北半球植被秋季落叶期物候与昼夜温度变化的研究。利用地面 14536 条时间序列的物候观测，结合 1982 ～ 2015 年的全球卫星数据，首次发现了昼夜温度对植被落叶期物候变化的相反效应，并预测到 21 世纪末，北半球落叶期明显早于现有预期，即生态系统的固碳能力被高估。这一发现从根本上解释了现有生态模型利用平均温度解释秋季物候变化的机制性不足，强调生态系统模型需要分别考虑昼夜温度的贡献，才能更好地模拟秋季物候变化。研究成果加深了对全球变化和植被生态系统碳循环的理解（Wu *et al.*，2018）。

2. 全球火排放的气溶胶对北极生态系统的影响

北极近年来广受关注，不仅是因为全球变暖背景下北极的“放大效应”，也因为这个地区复杂的碳循环过程会反馈影响气候系统。专项研究人员在《自然·通讯》（*Nature Communications*）上撰文，对火排放的大气污染生态效应开展了系统性探索。研究发现，火排放的烟尘（主要是含碳气溶胶）通过远距离传输，会增加北极地区生态系统的生产力（GPP）。研究进一步评估了云对气溶胶散射施肥效应的影响，指出要考虑气溶胶对三极地区植被生产力的影响，需综合考虑云–辐射–气溶胶和生态系统的交互作用（Yue and Unger，2018）。

3. 黑河流域高山区水文气象、积雪与冻土综合观测数据集建立

气候变化、人类活动引起的扰动极大地改变了高山区水文过程和生态功能，准确模拟和预测高山区水文过程及其关键影响因素备受关注。为促进高山地区水文过程与遥感研究，专项研究团队在黑河流域建立了一个综合的、分布式的和多尺度的生态水文观测网络。通过集成黑河上游综合的、分布式的和多尺度的地面观测网，形成了一套由长期水文气象、积雪和冻土数据构成的高寒山区综合数据集，并在时空三极环境大数据平台开放共享。（Earth System Science Data，2019）。

4. 青藏高原气溶胶光学厚度（AOD）数据研究

AVHRR/NOAA 系列传感器能够提供自 1978 年至今 40 年连续观测数据，受限于传感器通道设置与定标问题，国际上基于 AVHRR/NOAA 数据的陆地上空气溶胶反演研究难以突破瓶颈。专项科研人员研发了 ADL 算法，并生产了 1980 年至 2015 年中国华北地区及欧洲中部地区连续的气溶胶光学厚度数据集。关于 AVHRR DB 气溶胶光学厚度数据集的中国区验证成果主要包括评估 AVHRR DB 气溶胶光学厚度数据集中国区的精度，特别是具有代表性的青藏高原区的精度（Che *et al.*，2018）。

5. 中国植物 DNA 条形码研究

DNA 条形码（DNA Barcoding）是利用标准基因片段对物种进行快速和准确鉴定的新技术。筛选有效的植物 DNA 条形码已成为国际生命条形码研究的首要任务之一。专项团队联合全国 19 个科研院所和高校人员组成“中国植物条形码研究团队”，自主创建了种子植物核心条形码的新标准，为国际植物 DNA 条形码（rbcL+matK+ITS/ITS2）标准体系构建做出了重大贡献；独创性地构建了超级（细胞器）条形码的新体系，推进了国际植物 DNA 条形码 2.0 的发展；建立了植物各大类群的 DNA 条形码技术规范体系并拓展了其应用领域；构建了中国最大的野生植物 DNA 条形码参考数据库和物种鉴定平台，提升了物种准确鉴定功能；发表论文 138 篇，其中 SCI 收录 93 篇，总影响因子 210.554，SCI 引用 1787 次，其中他引 1446 次；培养 DNA 条形码专业技术人员 30 余人。研究成果荣获云南省 2018 年度自然科学奖二等奖。

6. 深海探测数据平台建设与研究

以“科学”号海洋科学综合考察船为核心的世界先进的深远海综合探测与研究平台建成并投入实际应用，创建了国际一流的深海综合探测技术体系，使我国一举跨入深远

海综合探测国际领先行列，引领西太平洋深远海科学研究的跨越发展，奠定了我国在深远海探测与研究领域的国际地位。该研究成果获得 2016 年度海洋工程科学技术奖特等奖。其中“深海探测与研究体系建设”成果入选“2017 年度中国海洋与湖沼十大科技进展”。

7. 交通出行行为与职住动态关系最新研究成果

“区域可持续发展及智慧城市评价与模拟”研究团队与悉尼大学、香港大学、北京交通大学合作者，运用 2011 ~ 2017 年北京市地铁刷卡数据，提出了基于个人职住动态关系的通勤行为研究体系，发现了交通出行行为与职住动态关系的一系列规律，主要包括该研究提出了 45 分钟定律，发现了职住动态变化规律，构建了个人通勤链的研究体系与方法（Huang *et al.*，2018）。成果已被英国电讯报、新华社、新浪、中国科学院新闻等多家媒体报道，产生了巨大的社会影响（Huang *et al.*，2018）。

4.3.2 领域应用助力社会建设与发展

1. 地理环境数据助力环境认知、建设与评估

2018 年 4 月，中共中央、国务院批复了《河北雄安新区规划纲要》。6 月，受雄安新区管委会邀请，专项研究人员全程参与了此次规划调研，通过实地调研、农户访谈、镇村标点等，完成专题报告撰写等。与河北省城乡规划设计院共同负责完成淀中片区调研，包括 11 个乡镇、99 个村庄的实地考察，积累了大量数据资料，为后期撰写相关咨询报告、确定淀中片区发展规划指引、评价与模拟洪涝灾害风险及其淹没区范围等研究工作打下基础。

2018 年 3 月，专项启动“汶川地震十周年遥感动态监测”工作，旨在评估震区生态环境恢复进程，科学认知灾后恢复重建生态修复工作对灾区促进联合国可持续发展目标（SDG）落实的促进作用。专项科研人员基于十年间多时相、海量卫星数据，以及高空遥感飞机及无人机获取的航空观测数据，对震区生态环境恢复、城镇灾后重建等进展成效进行了系统分析。主要包括：①汶川地震灾区重大滑坡和泥石流状况的监测和评估，识别需持续灾害风险判别和监测区域。②监测评估震区堰塞湖，建议进一步科学规划相关堰塞湖，发展特色旅游。③动态监测评估汶川震区及四川大熊猫栖息地等重点受灾区植被恢复情况，建议继续保持生态恢复措施，减少植被破坏和水土流失，支持生态环境和大熊猫生境的持续良性恢复。④提取分析房屋倒塌重灾区建筑区现状和变化，建议加强城镇规划执行力度，防范不合理、不科学的建设，兼顾生态保护与减灾协同设计，提升城镇建设可持续发展能力。

青藏高原冻土显著热退化评估研究成果发布（Ran *et al.*，2018）。全球变暖带来的多年冻土热退化对寒区工程设计、资源开发和环境保护有重要影响。专项科研团队利用地理加权回归模型（GWR）综合了经过时空重建的 MODIS 地表温度、叶面积指数、雪盖

比例和国家气象信息中心多模型土壤水分预报产品，融合了4万多个气象站降水观测和FY2卫星观测的降水产品及152个气象台站过去50年的年平均气温观测数据，分析了过去50年青藏高原多年冻土的热退化情况，评估了青藏高原多年冻土热退化情况，可为寒区工程设计、资源开发、生态保护等提供新的参考。

专项科研团队制作《中国环境变化遥感影像图集》。图集包括序图、城镇化与城市扩展、湖泊环境变化、湿地面积变化及其缩减、森林采伐、保护与恢复，土地沙化与荒漠，重大工程影响和自然灾害及其防治八个部分，以遥感图像为主，并辅以地图、景观照片、图表等形式反映环境变化（王卷乐，2017）。本次制图充分利用遥感资料、公开权威的统计和基础资料等，荣获2018年优秀地图作品裴秀奖（铜奖）。

2. 生物多样性数据支持农林畜牧活动

首个全球小麦病虫害遥感监测报告发布：全球气候变化背景下，病虫害已成为制约农业生产、威胁粮食安全的最重要因素之一。相对于传统病虫害田间调查，遥感技术能够高效、客观地对作物病虫害发生发展状况进行大尺度动态监测，有利于及时高效科学防控。2018年6月，专项研究团队发布了中英双语全球小麦病虫害遥感监测报告，聚焦全球粮食主产国在主要粮食作物关键生长期典型病虫害的发生发展状况，对2018年4月至5月间全球进入小麦中后期生长阶段的中国、俄罗斯、法国、土耳其、巴基斯坦、美国、德国、伊朗、乌兹别克斯坦和英国10个主产国的小麦锈病、赤霉病和蚜虫等状况进行定量监测。这是国际上首次发布全球病虫害遥感监测报告，为国家农业环境决策提供了科技支撑。

卓乃湖环境监测数据支持藏羚羊研究：卓乃湖属于三江源国家公园的核心区。专项科研人员根据Landsat 8影像监测结果发现，卓乃湖湖水消退影响了藏羚羊的饮水距离，洪水冲刷造成的新河床影响了藏羚羊从三江源方向到卓乃湖南岸的迁移路径。根据MODIS Terra/AQUA的250m空间分辨率卫星遥感图像，监测分析出沙尘暴天气对该地自然气候沙漠化的侵蚀作用。监测数据显示，自然过程未能修复卓乃湖湖水消退及沙化趋势。为防止这种退化趋势的进一步发展，需组织科研力量对区域内的生态环境变化历史和现状开展详细监测与评估，对未来的可能演化趋势进行模拟和分析，同时需组织荒漠化治理专业队伍对沙化区域实施适度的生态干预措施，如飞机播种或草方格等（Pei *et al.*, 2019）。

林业知识发现：生物多样性与生态安全项目研究团队联合瑞士、德国的生态学家，于2009年至2010年在江西省井冈山共建当前世界上最大的野外人工生物多样性控制实验。通过连续五年的观测发现，具有不同功能策略的物种配对可能更高产。进一步研究发现，种植多物种混交林能实现生物多样性保护和减缓气候变化双赢，比种植纯林的造林策略更好。该研究结果也从经济学上说明了生物多样性的重要性（Huang *et al.*, 2018）。

3. 物种名录帮助摸清生物“家底”

生物物种是生物多样性的核心和基础，生物物种名录是一个自然地理区域或行政单元的生物区系本底性的基础资料。一个国家的生物物种名录不仅可以直接反映国土上物种资源情况，还能体现这个国家生物多样性的丰富程度。因此及时更新生物物种名录对于生物多样性研究和保护与利用实践都是十分重要的。中国科学院从建院开始，就把生物多样性领域的基础性研究放在重要地位。《中国生物物种名录》的编研是中国科学院和生态环境部联合开展的基础性和公益性工作，也是中国科学院对可持续发展履行的一项重要的社会责任。

从 2008 年开始，中国科学院组织 100 多位分类学专家，基于已有文献和标本，对我国已知物种进行编目和研究，按照国际物种 2000 的数据规范，将中国物种的分类学信息进行标准化整理，并每年更新。《中国生物物种名录》以年度名录的形式，向社会公开发布，为全球使用者免费提供中国的动物、植物和菌物等生物类群的标准名称、分类系统和分布信息。名录的不断更新，使我国成为世界上唯一一个每年发布年度生物物种名录的国家。

为纪念《生物多样性公约》生效 25 周年，2018 年 5 月 22 日暨国际生物多样性日，中国科学院和生态环境部在北京联合发布《2018 年度中国生物物种名录》。该年度名录共收录物种及种下单元 98317 个，其中物种 86203 个，种下单元 12114 个。收录的生物类群包括动物界 42048 种，植物界 44510 种，细菌界 469 种，色素界 2263 种，真菌界 6339 种，原生动物界 1883 种，病毒 805 种。该名录作为生物物种信息标准化数据集，被多个部门和机构的信息中心或生物资源调查项目采用，为我国生物多样性工作的开展奠定了坚实的基础，为相关部门和地方政府制定保护政策和规划提供了科学依据（生态环境部，2018）。

4. 中国近海灾害大数据平台构建及应用

“近海与海岸带信息集成与决策支持系统”研究团队基于长期的现场航次、遥感观测与实验研究数据，系统分析了我国南黄海浒苔绿潮的发生机制，阐述了一整套观测、预测预报和综合防控方案，提出了“构建“三道防线”防控黄海绿潮灾”等政策建议；在多源数据分析研究基础上，结合基于 ROMS 构建的高分辨率海洋环流数值模式，实现对近海重要生态灾害发生区海洋学过程的精细分析和模拟；研究成果为 2018 年青岛“上合峰会”海洋生态环境安全保障、“桑吉号”油船燃爆沉没事故对我国近海的影响分析及应对提供了有效支撑。

4.3.3　数据网络提升国际合作成果凝练

1. 支持全球可持续发展研究

数据共享作为消除数据孤岛、提高数据交换效率的一种方式，是地球大数据支撑 SDGs

的关键要素之一。专项提出以地球大数据为技术促进机制，重点围绕零饥饿（SDG 2）、清洁饮水和卫生设施（SDG 6）、可持续城市和社区（SDG 11）、气候行动（SDG 13）、水下生物（SDG 14）和陆地生物（SDG 15）开展研究工作。2019 年 9 月，《地球大数据支撑可持续发展目标报告》在联合国发布。成为中国政府参加第 74 届联合国大会的四个正式文件之一和参加联合国可持续发展峰会的两个正式文件之一。（郭华东等，2019），专项与联合国环境规划署（UN Environment Programme，UNEP）保持着密切的合作关系，是《全球环境展望报告》的重要贡献者之一，在“构建地球大数据生态系统”等方面开展有效合作。2018 年 11 月，专项与 UNEP 在京签署战略合作协议，进一步在全球环境监测、地球科学数据共享等方面达成共识。专项以地球大数据作为技术促进机制，以联合国 2030 年可持续发展议程为牵引，依托所构建的国际网络，利用专项以及中国科学院在地球大数据领域的科技优势，为 SDGs 的实现提供创新支撑。

2. “一带一路”重大工程生态环境监测

基础设施建设互联互通是“一带一路”倡议的核心内容，而遥感和大数据技术在“一带一路”重大工程生态环境监测与建设中发挥着重要作用。例如，蒙内铁路、亚吉铁路等基础设施建设中，借助遥感数据支持，尽可能降低对当地生态环境，特别是保护区的影响，注重对动物、植物、水系等方面生态风险的防范（王琦安等，2019）。与原有铁路、公路缺乏动物迁徙通道和保护措施相比，遥感数据的利用，有效提升了野生动物与植物的保护力度，同时促进了当地经济发展与人口增长。

3. 数字丝路国际计划多个国际卓越中心成立

数字丝路国际科学计划（DBAR）是由中国科学家倡议发起、50 余个国家和国际组织参加的大型国际研究计划，旨在通过分享数据、经验、技术和知识，实现地球大数据在“一带一路”可持续发展目标中的科学服务。2016 年启动以来，DBAR 计划通过构建地球大数据平台，发展“一带一路”空间信息应用系统与科学模式，为“一带一路”建设提供科学、开放和合作的信息决策支持，成为支撑和解决区域及全球发展问题的一个创新实践，得到了丝路沿线国家和国际组织的广泛认可与支持。目前，DBAR 计划在全球首批批准成立八个国际卓越中心，分别分布在俄罗斯、巴基斯坦、美国、意大利、摩洛哥、赞比亚、泰国、芬兰。DBAR 国际卓越中心正在基础设施改善、环境保护、减轻灾害风险、水资源管理、城市发展、食品安全、沿海地区的经济增长、自然和文化遗产管理、高山寒区和北极的可持续发展等方面开展合作，形成共同研究、优势互补、互利共赢的科技合作开放基地，并以各中心为支点，构建具有区域优势和研究特色的，辐射周边地区的地球大数据国际合作网络。

4. 微生物大数据平台建设实现国际引领

世界微生物数据中心，2010 年落户中国科学院微生物研究所，是我国生命科学领域的第一个世界数据中心[①]。全球微生物菌种保藏目录（Global Catalogue of Microorganisms，GCM）重大微生物数据资源国际合作计划，已经有来自美国、法国、德国、荷兰等35个国家和地区的74个国际微生物资源保藏机构正式参加，同时也与亚洲微生物资源保藏联盟（ACM），亚洲生物资源网络（ANRRC）、欧洲微生物资源中心联盟（EMbaRC）等区域性网络和俄罗斯、泰国、葡萄牙等国家网络建立了实质性合作[②]。为配合国家“一带一路”战略的实施，项目组基于GCM平台提出“一带一路”微生物数据资源共享计划，并得到多个微生物资源机构的支持。目前，GCM已整合超33万条微生物实物资源，并与联合国教科文组织UNESCO等机构联合举办全球培训，惠及200余名学员。

4.3.4　共享模式探索加速数据流动

1. 生命与健康大数据平台

GSA（Genome Sequence Archive）（Wang *et al.*，2017）数据库开展原始组学数据存储与共享服务，并与国际接轨，存储的数据已支持 *Cell*、*Nature Communications*、*PNAS*、*Genome Research* 等杂志文章发表，建成我国生物大数据汇交共享平台，成为继NCBI、EBI、DDBJ之后第四个综合基因组权威数据库。同时，建成生物大数据多层次组学层面的数据资源体系（BIG Data Center Members，2019），包括基因组归档数据库——Genome Warehouse、基因组变异数据库——Genome Variation Map、基因表达数据库——Gene Expression Nebulas、甲基化数据库——Methylation Bank、生物知识库——Science Wikis，对我国科学研究和产业创新发展起到了重要支撑作用。2018年1月，《国际核酸研究》（*Nucleic Acids Research*）数据库专刊，发表生命与健康大数据系列研究成果，包括生命组学数据资源建设成果（D14～20）、实时定量PCR内参基因知识库——ICG（Internal Control Genes；D121～126）（Sang *et al.*，2018）、甲基化数据库Methbank升级版（D288～295）（Li *et al.*，2018）及基因组序列变异库——GVM（Genome Variation Map；D944～949）（Song *et al.*，2018）。

2. gcMeta 平台

gcMeta平台建立了一个微生物基因组、元基因组和转录组管理、数据在线分析、可视化及数据发布的一站式系统。目前已经整合来自国际相关平台（NCBI、EBI、MG-RAST等）及重要项目（HMP、Tara等）超过12万样本数据，来自我国科学家的超过

① Culture Collections Information Worldwide. [2020-06-11]. http://www.wfcc.info/ccinfo/.
② Global Catalogue of Microorganisms. [2020-06-10]. http://gcm.wfcc.info/.

2000 余个样本数据，总数据量超过 120TB[①]。平台为用户提供了多级数据管理和权限控制体系，可用于各研究组管理未发表数据，并在研究组内共享，也可将内部管理数据进行在线发布与公开。平台为所有公开数据提供唯一标识 PID 号，用于在学术期刊的公开发表及后续数据引用及分析。此外，平台还整合了超过 90 个在线数据分析工具，提供针对扩增子序列、全基因组序列等四套分析工作流，所有的分析工具和工作流都是以 web 方式使用，方便微生物领域用户快速掌握及使用（Shi *et al.*，2019）。用户可以通过该平台方便地实现数据管理、数据分析、结果展示和数据发布等一系列服务，平台也将为用户提供全过程的使用支持。相关研究论文在《核酸研究》（*Nucleic Acids Research*）在线发表。

3. 创新数据出版平台

《地球大数据》（英文）（*Big Earth Data*，CN10-1455/P，ISSN：2096-4471）创刊于 2017 年 12 月，是一本跨学科的开放获取期刊，由国际数字地球学会、中国科学院空天信息创新研究院、中国科学院 A 类战略性先导科技专项“地球大数据科学工程”共同主办，英国出版商 Taylor & Francis 和中国科技出版传媒股份有限公司负责海内外出版发行，主编为郭华东院士。

《地球大数据》（英文）是全球首个聚焦大数据的地学刊物，主要刊登研究论文、综述文章、数据论文和技术摘记，旨在促进地球科学大数据集的共享，推动大数据技术在地球科学的创新与应用，为从事地球大数据的采集、管理、处理、分析和可视化研究的学者搭建一流的国际学术交流平台。2020 年 5 月，《地球大数据》（英文）被 Scopus 数据库正式收录。

期刊主页：https://www.tandfonline.com/tbed。

投稿系统：https://rp.tandfonline.com/submission/login。

《中国科学数据》（中英文网络版）（CN11-6035/N，ISSN：2096-2223；简称《中国科学数据》）是我国网络连续型出版物的首批试点之一，是目前中国唯一的专门面向多学科领域科学数据出版的学术期刊。期刊通过自主开发的出版系统平台（www.csdata.org）及数据存储库（www.sciencedb.cn），打破了传统出版局限，实现论文数据的流通及重用，填补了国内数据出版的空白，目前收录于中国科学引文数据库（CSCD）（2019 ～ 2020 年）。

作为地球大数据科学工程项目中一种重要而有效的数据表现形式，《中国科学数据》支持数据论文出版、学术论文关联出版，支持数据拥有者主动提交数据，并进行发布和出版。ScienceDB 为《中国科学数据》指定的数据存储库，并为越来越多的期刊存储论文支撑数据，结合 API 支持与期刊出版系统的集成，推动科学数据的长期保存与出版。

---

① gcMeta: A Global Catalogue of Metagenomics platform. [2020-06-11]..https://gcmeta.wdcm.org/.

参考文献

郭华东等 . 2019. 地球大数据支撑可持续发展目标报告（2019）. 北京 : 科学出版社 .

生态环境部 . 2018. 2018 中国生态环境状况公报 . http://www.mee.gov.cn/xxgk2018/xxgk/xxgk15/201912/t20191231_754139.html [2020-06-08].

王卷乐 . 2017. 中国环境变化遥感影像图集 . 北京 : 科学出版社 .

王琦安 , 施建成 , 张松梅等 . 2019. "一带一路" 生态环境状况及态势 . 北京 : 测绘出版社 .

BIG Data Center Members. 2019. Database Resources of the BIG Data Center in 2019. Nucleic Acids Res, 47: D8 ～ D14.

Che Y, Xue Y, Guang J, *et al*. 2018. Evaluation of the AVHRR DeepBlue aerosol optical depth dataset over mainland China. ISPRS Journal of Photogrammetry and Remote Sensing, 146(DEC): 74 ～ 90.

Huang J, Levinson D, Wang J, Zhou J, Wang Z J. 2018, Tracking job and housing dynamics with smartcard data. Proceedings of the National Academy of Science, 115(50): 12710 ～ 12715.

Huang Y, Chen Y, Castro-Izaguirre N, *et al*. 2018. Impacts of species richness on productivity in a large-scale subtropical forest experiment. Science, 362(6410): 80 ～ 83.

Li R, Liang F, Li M, Zou D, Sun S, Zhao Y, Zhao W, Bao Y, Xiao J, Zhang Z. 2018. MethBank 3.0: a database of DNA methylomes across a variety of species. Nucleic Acids Res, 46: D288 ～ D295.

Pei J, Wang L, Xu W J, Kurz D J, Geng J, Fang H J, Guo X L, Niu Z. 2019. Recovered Tibetan antelope at risk again. Science, 366(6462): 194.

Ran Y H, Li X, Cheng G D. 2018. Climate warming over the past half century has led to thermal degradation of permafrost on the Qinghai–Tibet Plateau. Cryosphere, 12(2): 595 ～ 608.

Sang J, Wang Z, Li M, Cao J, Niu G, Xia L, Zou D, Wang F, Xu X, Han X, *et al*. 2018. ICG: a wiki-driven knowledgebase of internal control genes for RT-qPCR normalization. Nucleic Acids Res, 46: D121 ～ D126.

Shi W, Qi H, Sun Q, Fan G, Liu S, Wang J, Zhu B, Liu H, Zhao F, Wang X, Hu X, Li W, Liu J, Tian Y, Wu L, Ma J. 2019. gcMeta: a global catalogue of metagenomics platform to support the archiving, standardization and analysis of microbiome data. Nucleic Acids Research, 47, Database issue.

Song S, Tian D, Li C, Tang B, Dong L, Xiao J, Bao Y, Zhao W, He H, Zhang Z. 2018. Genome Variation Map: a data repository of genome variations in BIG Data Center. Nucleic Acids Res, 46: D944 ～ D949.

Wang Y, Song F, Zhu J, Zhang S, Yang Y, Chen T, Tang B, Dong L, Ding N, Zhang Q, *et al*. 2017. GSA: Genome Sequence Archive. Genomics Proteomics Bioinformatics, 15: 14 ～ 18.

Wu C, Wang X, Wang H, *et al*. 2018. Contrasting responses of autumn-leaf senescence to daytime and night-time warming. Nature Climate Change, 8(12): 1092 ～ 1096.

Yue X, Unger N. 2018. Fire air pollution reduces global terrestrial productivity. Nature Communications, 9: 5413, https://www.nature.com/articles/s41467-018-07921-4.

地球大数据科学工程

数据共享蓝皮书（2019）

Report on Data Sharing of
Big Earth Data Science
Programme（2019）

第五章

总结与展望

5.1 盘活数据资产价值，实现数据资源持续增值与深化应用

当前，新一轮科技革命和产业变革席卷全球，大数据、云计算、物联网、人工智能等新技术不断涌现，数据将成为推动经济发展的新动能。通过整体规划和顶层设计，将原来离散的地球科学数据整合集成，梳理和厘清数据内部的相互耦合关系，是盘活数据资产价值的基础。CASEarth 地球大数据平台与中国科学院现有的资源环境生物生态分布式数据平台要实现分布式协同管理和数据互访，在 CASEarth 主页面提供数据平台镜像。同时需要探讨实现领域之间交叉集成与应用，专业数据库与地球大数据的融合信息挖掘。在线服务和离线服务相结合，区别用户类型和等级，开展有针对性服务。

面向海量多学科地球大数据的快速提取和科学用户在线计算需求，需要建设格网数据引擎，提升大数据资源的采集获取和分析利用能力，实现数据的可持续增值服务。开展基于空间信息格网的全球离散格网理论与方法研究，重点突破多层多维格网剖分，研发数据组织技术、数据预处理和质量控制技术、剖分编码和索引技术；采用分布式云存储和云计算等技术实现地球大数据的高效访问与分析处理等；设计开发基于剖分数据的挖掘分析工具库和应用开发支撑环境，建成数据应用支撑系统，满足多学科领域用户的应用需求。

5.2 坚定“数据—知识—服务”主线，提升数据工程建设水平

地球大数据科学工程致力于提升中国科学院，乃至国家层面地球科学领域海量数据的集成共享水平，实现海量数据的更大应用价值。为此，应从工程化的角度理解科学数据，进一步加强数据工程建设，以“数据—知识—服务”为主线，从数据采集、数据标准化处理、数据汇交、数据管理、数据整编、数据共享发布、数据挖掘、数据分析及应用等数据的全生命周期出发来开展数据工程建设（岳昆，2013）。

从项目管理角度，要加强数据需求分析及共享数据与应用的对接，不断提高数据质量，实现数据汇交的常态化；同时，研究切实有效的数据共享激励机制，尝试建立可行的数据共享评价方法和指标体系，探索数据出版、引用等新模式，积极探讨区块链等新技术在数据交换共享中的应用。另外，加强与“泛第三极环境变化与绿色丝绸之路建设”、“美丽中国生态文明建设科技工程”等先导专项及其他项目的对接和数据集成，充分发挥多学科数据的综合服务价值。

数据工程建设水平的提升不仅要重视数据标准化处理，同时应研发数据管理引擎，以实现面向服务的多源、长时序地球大数据的高效管理。另外，需要构建地球大数据智能分析模型与算法共享库，开展地球大数据智能分析开发环境与执行引擎研究，实现对数据的高效分析，并提供分析流程模板，支持快速开发和流程复用。开展跨学科大规模知识图谱构建与引擎研究，研制面向地球大数据的知识图谱管理平台，实现地球大数据科学工程运行过程中持续产生 / 更新的各类知识图谱的集中存储、更新、检索等能力。加强地球大数据在线挖掘分析云服务关键技术研究与集成，进行专题领域的典型应用验证。

5.3 加强数据治理体系建设，夯实地球大数据共享的基础

首先，应打破数据共享的政策壁垒。2018 年 4 月，国务院办公厅印发的《科学数据管理办法》中明确规定，“科学数据管理遵循分级管理、安全可控、充分利用的原则，明确责任主体，加强能力建设，促进开放共享”（国务院办公厅，2018）。以对地观测数据为例，从宏观上，我国对地观测数据的分发，在一定程度上还存在开放共享与经济利益不脱钩、定密笼统等问题。因此，应进一步厘清对政府投资和企业投资所获取的对地观测数据界限，打通数据中心、数据分中心的壁垒，扩大政府预算资金资助形成的对地观测数据的共享范围，使对地观测大数据实实在在地流通起来。另外，还应与时俱进，进一步研究有利于对地观测数据安全等级的划分（何国金等，2018）。

其次，应完善数据共享评价体系，建立数据共享指标等可操作的知识产权保障机制和激励措施。知识产权的保障和健全的激励机制是影响数据生产者进行数据共享主观意愿的重要因素（Stuart *et al.*，2018）。强制汇交项目成果数据或者经费奖励的方式，虽可保障国家经费支持下所产生数据的汇交共享，但仍无法充分调动科研人员共享数据的积极性。数据出版是保障数据知识产权的有效手段之一。然而，有些地球大数据，如对地观测数据，通常被作为中间数据使用，从最终数据成果中难以判断其使用的对地观测数

据的来源，这些都是保障知识产权所面临的挑战。为此，应加强地球大数据出版的创新性，考虑引入众包模式、数据引用指数等方式解决数据出版前的质量和知识产权等问题（何国金等，2018）。

另外，需进一步提升地球大数据的质量和规范，确保共享数据的真实性、准确性和时效性，保证数据可发现、可访问、可交互、可重用、可引用（Wilkinson *et al.*，2016）。同时，增强数据的共享服务能力，加强跨学科、跨领域的地球大数据共享的人才队伍建设，促进地球大数据之间及其与其他科学数据的交叉融合和综合应用。

5.4 创新数据服务模式，促进学科交叉、知识发现和应用

大数据时代促使数据共享模式深刻变革，主要表现为，数据共享向服务共享、信息共享、主动共享的方向转型，步入到以数据深度挖掘和融合应用为主要特征的智能化阶段。在新型服务模式下，数据共享服务提供方将在新数据产生的第一时间主动按需向用户推送可定制、多样化、高层次的数据，甚至信息产品，从而打通从数据获取、分析整理到信息提取和共享分发的完整链路，提高数据流通、数据挖掘的效率。以对地观测数据为例，云计算、人工智能的发展为创新大数据时代的对地观测数据共享模式提供了技术支撑。国际上目前已经出现了以美国的Google Earth Engine、澳大利亚的Data Cube及欧空局的Copernicus等为代表的新型对地观测数据共享服务系统。

党的十九大报告高屋建瓴地提到“推动互联网、大数据、人工智能和实体经济深度融合”。CASEarth专项正在建设的CASEarth Data Bank系统，就是将互联网、人工智能和对地观测大数据深度融合，打造集数据、计算、服务于一体的数据共享新模式。这种模式共享的不仅仅是数据，也提供信息和服务。未来，用户不但可以利用CAS Earth Data Bank系统的数据资源、算法资源和计算资源，还可以上载数据、模型和算法，开展特定应用服务。同时，这种平台即共享的服务模式，有利于打破对地观测数据和信息壁垒，进一步加强数据流通过程的追溯能力，保障知识产权不受侵害，提高数据生产者的共享积极性；同时，实现地球科学数据的整合，有效促进对地观测数据与其他学科数据的交叉融合和地学知识发现，以及决策支持应用（何国金等，2018）。

5.5 坚持制度和技术并重，构建良好的数据共享环境

2014 年，大数据首次写入政府工作报告，从此，大数据逐渐成为各级政府关注的热点。2015 年，国务院正式印发了《促进大数据发展的行动纲要》。2017 年，国家先后出台了《政务信息系统整合共享实施方案》和《政务信息资源目录编制指南》（试行）等多项政策文件，推进政府数据汇聚、共享、开放（国务院，2015；国务院办公厅，2017；国家发展改革委和中央网信办，2017）。2017 年 12 月，十九届中共中央政治局就实施国家大数据战略进行了集体学习，习近平总书记深刻分析了我国大数据发展的现状和趋势，提出了五个方面的要求。2018 年，国务院办公厅印发了《科学数据管理办法》（国务院办公厅，2018）；2019 年 2 月 11 日，中国科学院发布了《中国科学院科学数据管理与开放共享办法（试行）》（中国科学院，2019）。

虽然国家在战略和战术层面对数据共享的政策均有部署，但地球大数据共享要达到完全开放原则、责权利一致原则、可用原则、可持续原则及创新驱动原则的要求，实现"谁拥有，谁负责"、"谁使用，谁负责"、"谁流转，谁负责"、"谁开放，谁受益"的数据生态，在实践中仍面临一些障碍和挑战，需要相关的技术体系支撑和保障。一些情况下，技术决定着数据共享的实现程度和可能性（李国庆等，2016；国务院办公厅，2018；梅宏，2018）。数据流通是实现地球大数据共享以释放数据价值的关键环节。然而，地球大数据流通也伴随着权属、质量、合规性、安全性等诸多问题。这些问题成了制约地球大数据流通的瓶颈，如知识产权对数据共享积极性的影响。区块链、安全多方计算等应用于数据流通的技术或技术框架为解决数据流通过程中的问题提供了富有启发性的解决方案（中国信息通信研究院，2018）。通过这些新技术的应用，有望促进数据共享流通全流程的可监可控可追溯，降低知识产权受侵害的风险，解决地球科学数据资源拥有者不愿、不敢共享的问题。数据互联互通将成为提高地球大数据共享效率和提高国际参与度，提升数据资源利用率，加速科研成果产出，推动科技和社会进步的重要力量。通过学科、组织机构、地区融合、国际联盟以实现对地球大数据的认知，实现更大规模的集成共享，横向延伸地球科学数据资源的广度；通过"互联网 +"、云计算、人工智能等新技术实现更深层次的数据挖掘和价值提升，纵向拓展地球科学数据研究的深度和社会应用的广度，构建良好的数据共享环境。

参考文献

国家发展改革委，中央网信办．2017. 关于印发《政务信息资源目录编制指南（试行）》的通知．http://

www.ndrc.gov.cn/zcfb/zcfbtz/201707/t20170713_854530.html [2017-06-30].
国务院 . 2015. 国务院关于印发促进大数据发展行动纲要的通知 . http://www.gov.cn/zhengce/content/2015-09/05/content_10137.htm [2015-09-05].
国务院办公厅 . 2017. 关于印发政务信息系统整合共享实施方案的通知 . http://www.gov.cn/zhengce/content/2017-05/18/content_5194971.htm [2017-05-18].
国务院办公厅 . 2018. 科学数据管理办法 . http://www.gov.cn/zhengce/content/2018-04/02/content_5279272.htm [2018-04- 02].
何国金 , 王桂周 , 龙腾飞等 . 2018. 对地观测大数据开放共享：挑战与思考 . 中国科学院院刊 , 33(8): 25 ～ 32.
李国庆 , 张红月 , 张连翀等 . 2016. 地球观测数据共享的发展和趋势 . 遥感学报 , 20(5): 979 ～ 990.
梅宏 . 2018. 梅宏院士建议优先推进数据资源建设 . http://www.sohu.com/a/229147553_358040 [2018-06-20].
岳昆 . 2013. 数据工程——处理、分析与服务 . 北京 : 清华大学出版社 .
中国科学院 . 2019. 中国科学院科学数据管理与开放共享办法（试行）. http://www.ecas.cas.cn/gzwj/ygzzd/201909/ t20190917_ 4552523.html [2019-9-17].
中国信息通信研究院 . 2018. 大数据白皮书（2018 年）. http://www.cac.gov.cn/2018-04/25/c_1122741894.htm [2018-06-26].
Stuart D, Baynes G, Hrynaszkiewicz, *et al*. 2018. Whitepaper: Practical challenges for researchers in data sharing. https:// doi.org/10.6084/m9.figshare.5996786 [2018-03-21].
Wilkinson M, Dumontier M, Aalbersberg I, *et al*. 2016. The FAIR Guiding Principles for scientific data management and stewardship. Scientific Data, 3: 160018.

地球大数据科学工程

数据共享蓝皮书（2019）

Report on Data Sharing of
Big Earth Data Science
Programme（2019）

附录

附录 1　地球科学大数据工程分项目概览

序号	分项目名称	分项目研究内容
项目一	CASEarth 小卫星	开展面向观测任务总体设计技术，高集成、小型化载荷总体技术，红外、多光谱载荷技术及海量数据压缩存储传输技术研究。研制服务于“地球大数据科学工程”专项的 CASEarth 小卫星，建立 CASEarth 卫星运行管理与评估系统，完成 CASEarth 卫星数据接收与产品服务工作
项目二	大数据云服务平台	建设具有一体化服务能力的地球大数据云服务平台，提供统一的计算与存储云服务。突破分布式计算资源统一调度和聚合服务的技术、格网数据计算技术、大数据计算处理技术与分析挖掘的新方法，实现大数据驱动的科学发现与决策支持
项目三	数字“一带一路”	建立国际首创的“一带一路”地球大数据分析与决策系统。开展“一带一路”地球大数据科学分析，认知“一带一路”全区域资源环境空间分布、可开发潜力、变化趋势科学规律。建立面向 2030 可持续发展目标的区域空间评估指标体系，包括 8 个相关目标和 33 个指标，实现“一带一路”可持续发展目标关键指标的科学监测
项目四	全景美丽中国	开展基于大数据的资源环境本底分布与格局演变、清洁空气与环境健康、生态文明建设、区域发展与智慧城市及“全景美丽中国”评价与决策支持系统的研究和开发，对“美丽中国”建设现状及未来情景进行评价和预测，为“美丽中国”建设与联合国 2030 可持续发展目标提供政策建议
项目五	生物多样性与生态安全	研究支持数据整合和共享的标准，以及数据集成应用方法；建立一个以生物多样性与生态安全信息为核心的综合大数据平台，在不同层次上实现不同形式的数据个性化服务与决策支持
项目六	三维信息海洋	形成“两点一面”的海洋信息资源池。“一面”是指全球尺度的海洋信息资源池和数据产品，建立全球海洋基础数据服务系统。“两点”是指聚焦优势的方向和区域，在“中国近海”和“两洋一海”两个战略要点开展信息集成和科学研究，最终形成海洋系统实时展示、动态模拟和情景分析可视化系统
项目七	时空三极环境	通过三极专题大数据与共享集成、三极遥感对比研究、三极大数据分析方法和多圈层相互作用模型等基础研究，以及三极时空动态与预估、三极水环境与未来水安全、三极气候变化及对我国影响、北极航道监测与精细化预测、冰冻圈变化及其服务功能和极大重大工程冻土服役等专题研究，实现占领地球系统科学制高点，为极地治理和北极开发提供决策支持等预期目标
项目八	数字地球科学平台	“地球大数据科学工程”专项的综合展示平台，重点建设地球大数据综合展示与决策支持系统及网络化信息服务系统，主要为面向多学科融合与大数据驱动的科学发现和技术创新提供数据、服务、计算等多类资源及其关系的可视分析支持，兼顾资源、环境、生物、生态等领域的科学传播与公众服务
项目九	CASEarth 科学工程总体	深入调研专项在数据资源、基础设施能力、技术平台等方面的详细需求，研究和论证总体设计方案，形成科学合理、技术可行的总体方案和技术路线图，设计具有科学顶层设计、软硬件集成、数据产品规范化与应用一体化的“地球大数据科学工程”

附录 2　地球大数据科学工程灾备技术参数

技术指标		技术参数
灾备模式	同城灾备	<100km
	异地灾备	>100km
	同城 + 异地灾备	也称为两地三中心模式
	异地多活数据中心	
	云上容灾	
备份策略	核心数据	每周备份
	一般数据	每季备份
	普通用户个人数据	每年备份
数据库备份		①数据库备份应包括数据表和文件仓库内容，两者必须保持一致并共同存放
		②数据库备份必须标明所用应用系统操作程序信息和所用数据库管理软件版本信息
备份介质		①长期保存的备份介质，必须按照制造厂商确定的存储寿命定期转储，防止存储介质过期失效
		②备份介质均须标明备份内容，按照有关规定进行存档，并保证其完整性和数据可靠性
		③备份介质存放场所必须满足防火、防水、防潮、防磁、防盗、防鼠等要求
		④每年定期对所存放的数据备份存储介质进行内容检查，确认介质能否继续使用、备份内容是否正确。一旦发现介质损坏，应立即更换，并对损坏介质进行销毁处理
数据恢复		①在进行数据恢复时，应事先确定所恢复的时间，取离其时间最近的整体备份进行整体数据恢复，然后依时间顺序进行增量数据恢复
		②应用系统数据恢复，采用先恢复应用系统操作程序后恢复业务数据的方式进行
		③数据恢复必须进行有效性验证，确保数据可用
		④系统恢复严格按照相关策略文档操作步骤进行，切不可跳过或篡改其步骤
		⑤应定期执行恢复程序，检查和测试备份介质的有效性，确保可以在恢复程序规定的时间内完成备份的恢复

附录 3　科学数据核心元数据标准

中国科学院 A 类战略性先导科技专项
地球大数据科学工程项目标准

TR-REC-CAS-001

科学数据核心元数据
Scientific Data Core Metadata

中国科学院地球大数据科学工程项目组

2018 年 6 月

前言

本文件按照 GB/T 1.1—2009 给出的规则起草。

本文件由中国科学院计算机网络信息中心提出并归口。

本文件起草单位：中国科学院计算机网络信息中心。

本文件主要起草人：高瑜蔚、刘峰、胡良霖、黎建辉、刘宁、陈昕。

科学数据核心元数据标准规范

1 范围

本文件规定了中国科学院 A 类战略性先导科技专项地球大数据科学工程（下文简称“地球科学大数据工程”）的核心元数据的内容与结构。

本文件适用于地球科学大数据工程科学数据核心元数据记录的建立、存储、交换和共享服务等。

2 规范性引用文件

下列文件对于本文件的应用是必不可少的。凡是注日期的引用文件，仅注日期的版本适用于本文件。凡是不注日期的引用文件，其最新版本（包括所有的修改单）适用于本文件。

GB/T32843—2016 科技资源标识；

GB/T35294—2017 信息技术科学数据引用；

GB/T18391.3—2001 信息技术数据元的规范与标准化 第 3 部分：数据元的基本属性（ISO/IEC 11179-3: 1994，IDT）。

术语和定义

下列术语和定义适用于本文件。

数据对象 data object

性质相同的数据元素的集合。

元数据 metadata

关于数据的数据。[GB/T 18391.1，定义 3.41]

元数据元素 metadata element

元数据的基本单元。本文档中对每一个元数据元素的定义都用一个包含八个属性的集合来描述，这些属性是中文名称、英文名称、缩写名、定义、类型、值域、可选性、最大出现次数。

[GB/T 19710 – 2005，定义 4.6]

注 1：与 UML 术语中的属性同义；

注 2：元数据元素在元数据实体中是唯一的。

元数据实体 metadata entity

一组说明数据相同特性的元数据元素。
[GB/T 19710 — 2005，定义 4.7]
注 1：可以包含一个或多个元数据实体；
注 2：与 UML 术语中的类同义。

缩略语

PID：资源持久唯一标识符（Persistent Identifier）；
UCC：每个英文单词的首字母均大写（Upper Camel Case）。

元数据属性

对于每个元数据元素和元数据实体，本文件从语义和语法两方面进行描述。具体来说，使用以下八个属性（基于 GB/T 18391.3—2001 定义的有关属性）进行定义：中文名称、英文名称、缩写名、定义、数据类型、值域、约束 / 条件、最大出现次数。

2.1 中文名称

指元数据元素或元数据实体的中文名称。

2.2 英文名称

元数据元素的英文名称，一般用小写英文全称，英文单词之间用空格分隔。

元数据实体的英文名称中没有空格，而是多个单词连写，其中每一个单词首字母为大写。

2.3 缩写名

元数据元素或元数据实体的英文缩写名称。缩写规则如下：
1）缩写名在本文件范围内必须唯一；
2）缩写名不应包括任何空格、破折号、下划线或分隔符等；
3）缩写名不应使用复数形式的英文单词，除非该单词本身就是复数形式，如“Goods”；
4）元数据缩写名描述应采用 UCC 方式，即每个英文单词的首字母均大写；
5）对存在国际或行业领域惯用英文名称缩写的，采用惯用缩写。

2.4 定义

给出元数据元素或元数据实体的解释和说明。

2.5 数据类型

说明元数据元素或元数据实体的数据类型。例如复合型、数值型、字符串、日期型、时间型等。

2.5.1 日期类型

有关日期的规定，采用 ISO 8601 关于日期的表示格式，即 YYYY-MM-DD 的形式。其中，YYYY 是公历的年份，MM 是一年中的月份，DD 是一个月中的天。例如，2003-04-01 表示 2003 年 4 月 1 日，2002-06 表示 2002 年 6 月，1999 表示 1999 年。

2.5.2 时间类型

有关一天中时间的规定，采用 ISO 8601 关于时间的表示格式，即使用 24 小时的计时方法：hh：mm：ss。其中，hh 表示一天中自午夜之后的小时数，mm 表示某一小时自开始之后的分钟数，ss 表示某一分钟自开始之后的秒数。例如，23：59：59 表示午夜之前的 23 点 59 分 59 秒，06：10 表示早上 6 点 10 分，12 表示中午 12 点。

2.5.3 日期和时间类型

有关日期和该日期中时间的表示，采用 ISO 8601 中同时表示日期和时间的格式：YYYY-MM-DDThh：mm：ss。其中的大写字母 T 用于分割日期和时间。例如：2003-04-01T13：01：02 表示 2003 年 4 月 1 日下午 1 点 1 分 2 秒。

2.6 值域

规定了元数据实体或元数据元素的有效值域。

对于元数据实体，值域说明该实体包含的行数。

对于元数据元素，值域说明允许取值的范围或使用自由文本。“自由文本”表明对字段的内容没有限制。

2.7 约束 / 条件

说明一个元数据元素或元数据实体是否选取的描述符。该描述符分别为：

a）M：必选，表明该元数据元素或元数据实体必须选择。

b）O：可选，根据实际应用可以选择也可以不选的元数据元素或元数据实体。已经定义的可选元数据元素和可选元数据实体，可指导部门元数据标准制定人员充分说明其信息。

如果一个可选元数据实体未被使用，则该实体所包含的元素（包括必选元素）也不选用。可选元数据实体可以有必选元素，但只当可选实体被选用时才成为必选。

c）C：条件必选，当满足约束条件中所定义的条件时应选择。条件必选用于以下三种可能性之一：

当在多个选项中进行选择时，至少一个选项必选，且必须使用；

当另一个元数据元素已经使用时，选用一个元数据实体或元数据元素；

当另一个元数据元素已经选择了一个特定值时，选用一个元数据元素。

2.8 最大出现次数

说明元数据元素或元数据实体可以出现的最大次数。只出现一次的用“1”表示，多次重复出现的用“N”表示。允许不为 1 的固定出现次数用相应的数字表示，例如“2”、

“3”、“4”等。

2.9 UML 模型符号

本文件采用统一建模语言（UML）描述元数据子集、元数据实体和元数据元素之间的关系。用 UML 中的包表示元数据子集，类表示元数据实体，属性表示元数据元素。本文件中使用的 UML 符号如图 1 所示：

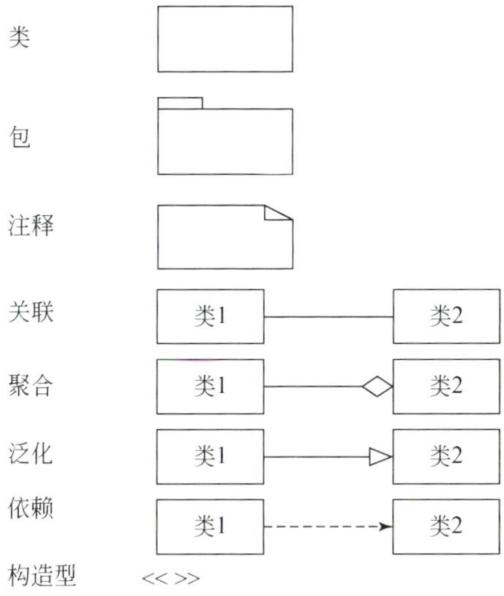

图 1　UML 符号

2.10 UML 模型关系

（1）关联

关联用于描述两个或更多类之间的一般关系。

关联的方向必须说明。如果不指明方向，则假定为双向关联。如果是单向关联，关联方向可以在线段终点用箭头来标记。

（2）聚合

聚合用于创建两个类之间的部分与整体的关系。在该关系中，一个类担当容器角色，另一个类担当容器的构件角色。聚集的表示法是从“部分”类画一条带空心菱形箭头的实线指向“整体”类。

（3）泛化

泛化表示父类（或超类）和可以替代它的子类之间的关系。父类是泛化类，而子类则定义为特化类。泛化的表示法是从子类画一条带空心三角箭头的实线指向父类。

（4）依赖

依赖用来表示对包（元数据子集）的理解、使用等依赖其他的包（元数据子集）。

依赖的表示法是从依赖类画一条带箭头的虚线指向被依赖类。

（5）角色

两个类发生关联时，每个类通常在关联中都扮演着某种角色。UML 模型中可以使用“角色名称”标明目标对象到源对象的关系。在双向关联中，将提供两个角色名称。图 2 说明了在 UML 图中如何表示角色名称和基数。

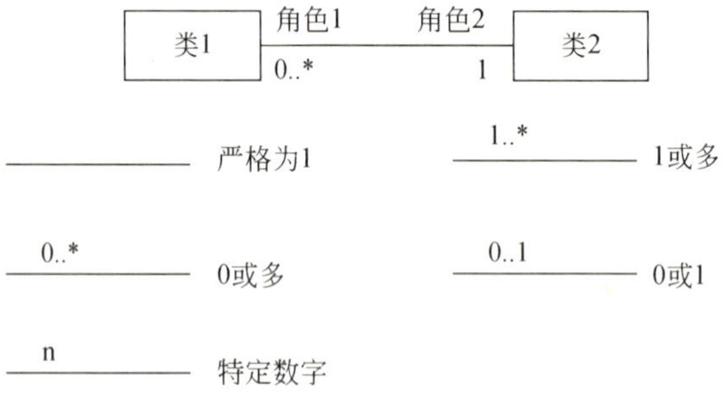

图 2　UML 角色

图 2 中，角色名称“角色 1”是类 1 对类 2 的关系，“角色 2”是类 2 对类 1 的关系，基数显示类 2 的一个对象对应类 1 的“0 或多”个对象。

2.11　数据字典

数据字典对每个元数据元素和元数据实体的中文名称、英文名称、缩写名、定义、数据类型、值域、约束 / 条件和最大出现次数八个属性进行了完整说明。

对于元数据实体的值域，用其包含的行数来说明；也使用数据类型属性定义元数据实体、构造型和关联；对于元数据元素和元数据实体的约束 / 条件属性，用“M”表示必选，“C”表示条件必选、“O”表示可选；对于元数据元素和元数据实体的最大出现次数，只出现一次用“1”表示，不固定次数的重复出现用“N”表示，允许不为 1 的固定出现次数，并用相应的数字（即“2”、“3”、……）表示。

2.12　元数据包

包和元数据实体关系：本文件中，元数据子集用 UML 包表示。每个包包含一个或多个元数据实体（UML 类）。元数据实体包含标识离散元数据单元的元数据元素（UML 类属性）。元数据实体可以与一个或多个其他元数据实体相关。元数据实体可以按需要聚合或重复以满足本文件规定的必选要求及用户的其他要求（表 1）。图 3 表示包的结构。附录 A 分别用不同的方式描述了元数据。

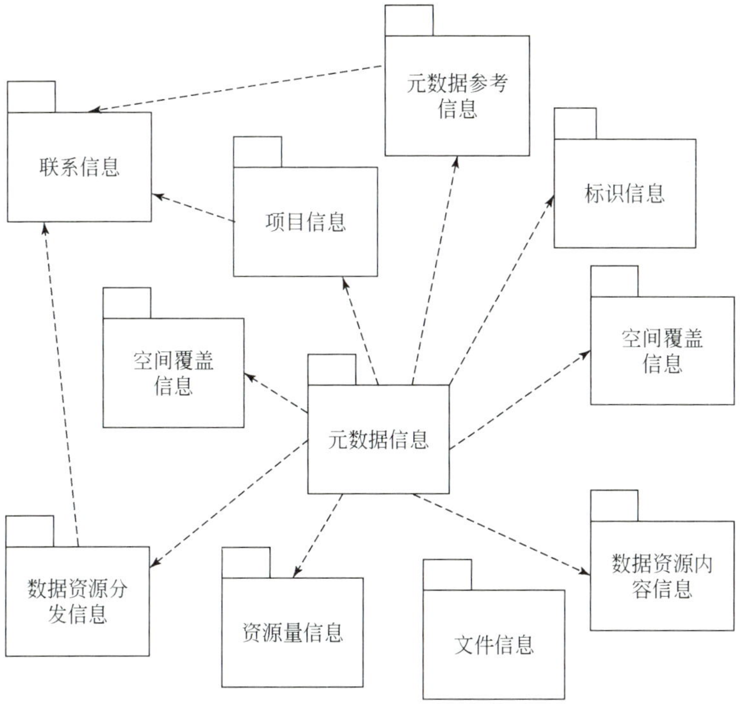

图 3　元数据包的结构

表 1　元数据包和元数据实体间的关系

本章条目编号	元数据包	元数据实体	UML 图	数据字典
2.13.1	元数据信息	元数据	4	A.1
2.13.2	元数据参考信息	元数据参考	5	A.2
2.13.3	标识信息	标识	6	A.3
2.13.4	数据资源内容信息	数据资源内容	7	A.4
2.13.5	资源量信息	资源量	8	A.5
2.13.6	引用和关联信息	引用和关联	9	A.6
2.13.7	分发信息	分发	10	A.7
2.13.8	项目信息	项目	11	A.8
2.13.9	文件信息	文件	12	A.9
2.14.1	联系人信息	联系人	13	A.10
2.14.2	覆盖范围信息	覆盖范围	14	A.11

2.13　基础包说明

2.13.1　元数据信息（元数据）

元数据信息模块由必选的元数据实体组成，关联的内容有元数据参考信息、标识信息、数据资源内容信息、资源量信息、资源类别信息、引用和关联信息、覆盖范围信息和分发信息等。

2.13.2　元数据参考信息（元数据参考）

元数据参考信息模块是关于元数据本身状态的信息，为必选模块，包括元数据标准名称、元数据创建日期、元数据联系信息等内容。通过该模块，一方面，用户可以了解与元数据记录的建立有关的信息，另一方面，元数据参考信息将有助于元数据维护人员进行元数据的修改与维护。

2.13.3　标识信息（标识）

标识信息模块是记录数据资源的标识信息模块，是一个必选模块。

2.13.4　数据资源内容信息（数据资源内容）

数据资源内容信息模块是记录关于数据资源的内容模块，是一个必选模块。包括例如数据资源内容的创建和发布日期、语种等，用户可通过这些信息了解数据资源的内容情况。

2.13.5　资源量信息（资源量）

资源量信息模块是记录数据资源总量有关信息的模块，包括文件数、存储量和记录数。

2.13.6　引用和关联信息（引用和关联）

引用和关联信息模块是关于资源的引用信息和关联信息的模块，是一个可选模块，包括如引用方式、关联类型和关联数据资源名称等信息。

2.13.7　分发信息（分发）

分发信息模块是关于数据资源分发情况的模块，是一个必选模块，包括如分发方式、数据资源链接地址、权限声明、分发人联系方式等信息。

2.13.8　项目信息（项目）

项目信息模块记录与数据资源有关的联系信息，包括如项目名称、项目代码、项目摘要、项目目标、资金来源等信息。

2.13.9　文件信息（文件）

文件信息模块描述数据资源的每一个文件并记录其信息。

2.14　联系人信息包和覆盖范围信息包说明

联系人信息和覆盖范围信息属于构造性实体 << 数据类型 >>，不单独使用，由其他元数据实体通过元数据元素调用。

2.14.1　联系人信息（联系人）

联系人信息模块记录与数据资源有关的联系信息。该模块不可单独使用，而是被主要模块的有关元素引用。

2.14.2　覆盖范围信息（覆盖范围）

覆盖范围信息模块描述数据资源内容所涉及的时间和空间范围，是一个可选模块。包括例如时间范围和地理范围等信息。

2.15 基础包

2.15.1 元数据信息（图 4）

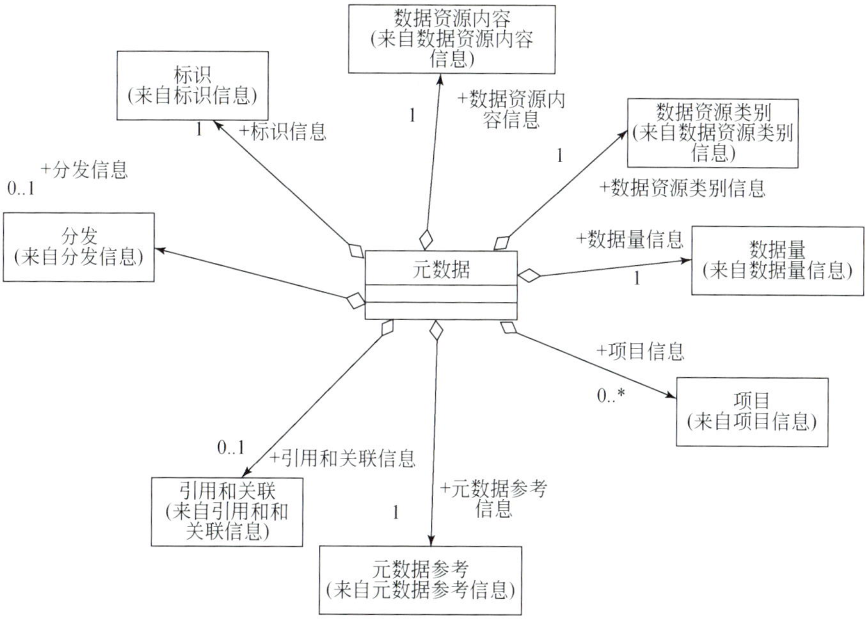

图 4 元数据信息

2.15.2 元数据参考信息（图 5）

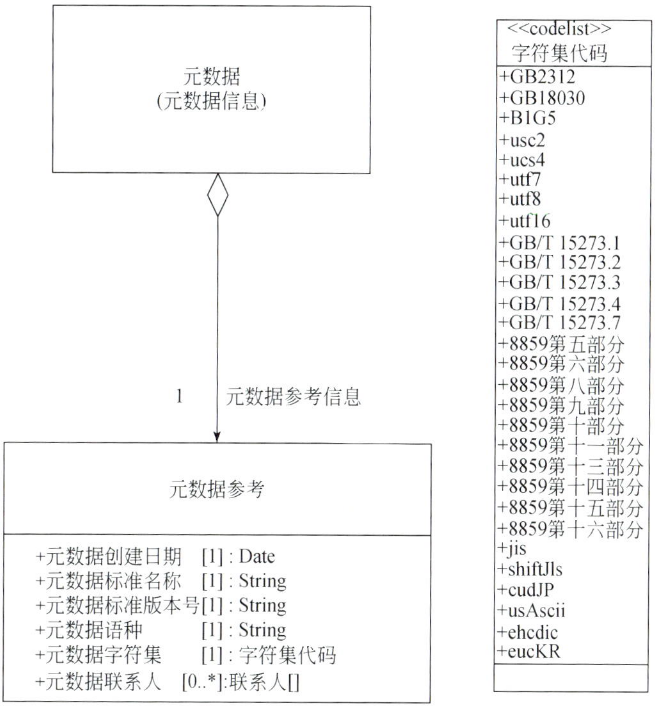

图 5 元数据参考信息

2.15.3 标识信息（图 6）

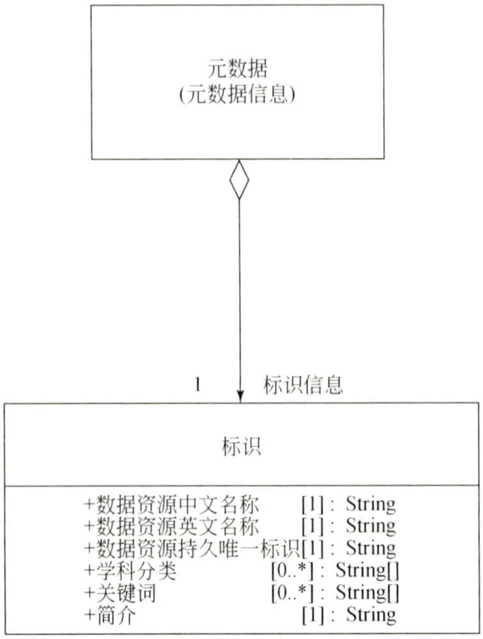

图 6 标识信息

2.15.4 数据资源内容信息（图 7）

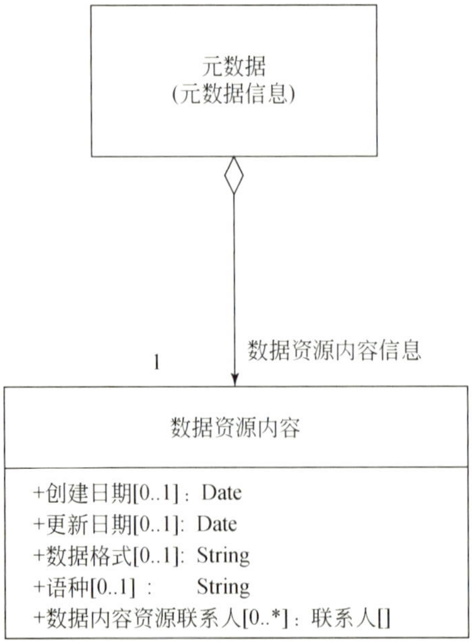

图 7 数据资源内容信息

2.15.5　资源量信息（图 8）

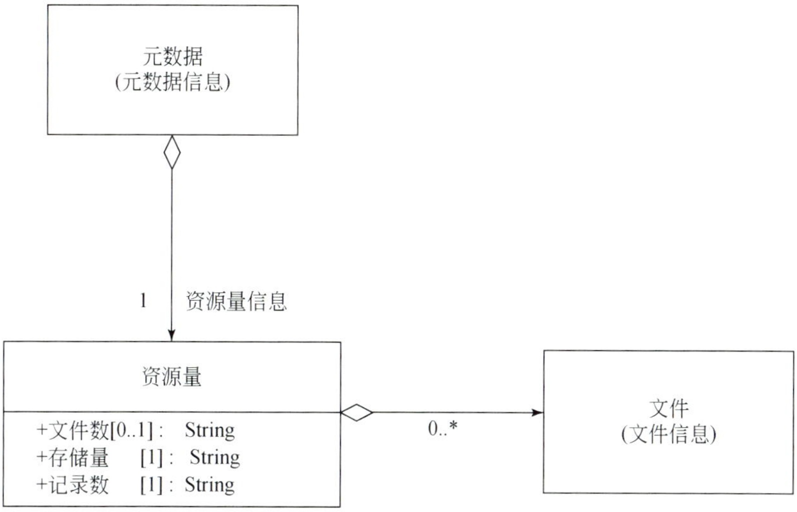

图 8　资源量信息

2.15.6　引用和关联信息（图 9）

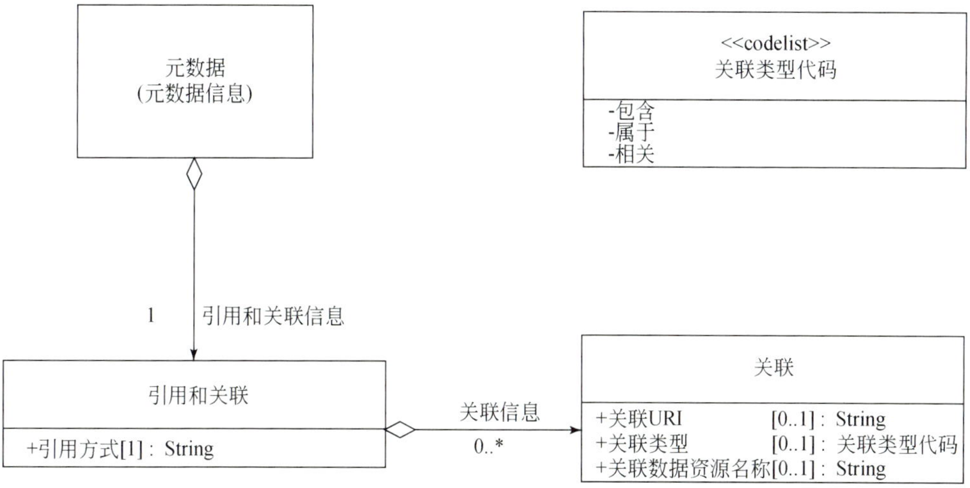

图 9　引用和关联信息

2.15.7 分发信息（图 10）

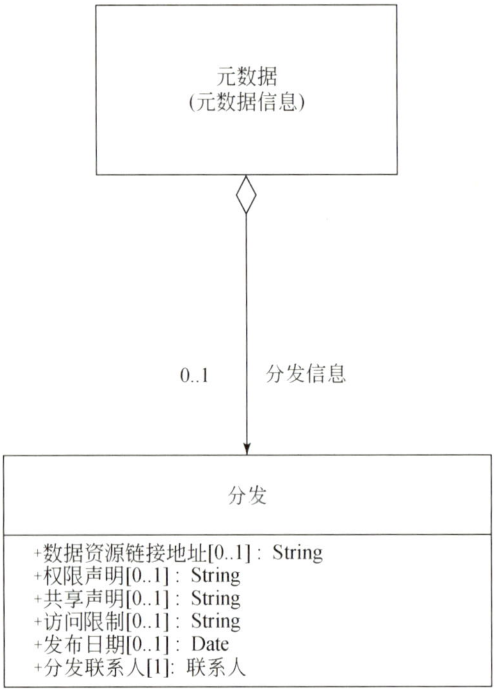

图 10 分发信息

2.15.8 项目信息图（图 11）

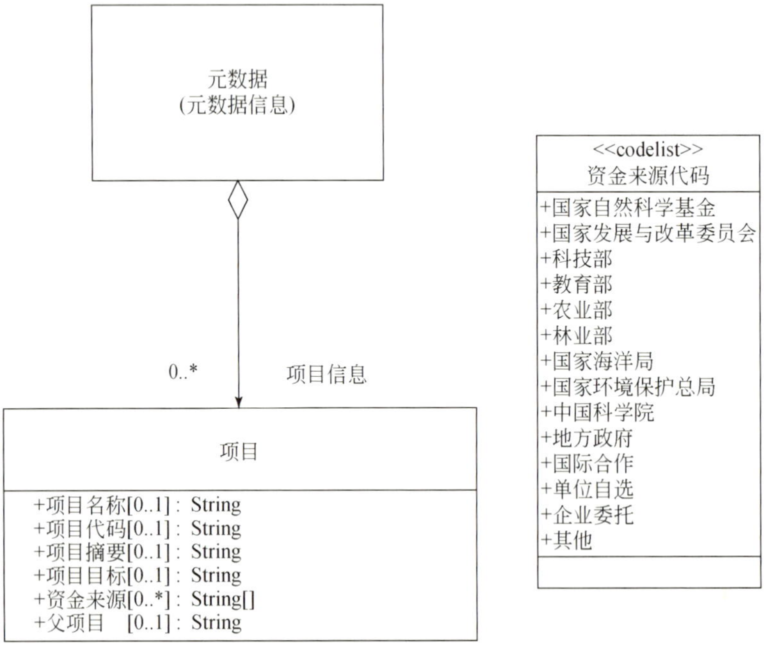

图 11 项目信息

2.15.9 文件信息（图 12）

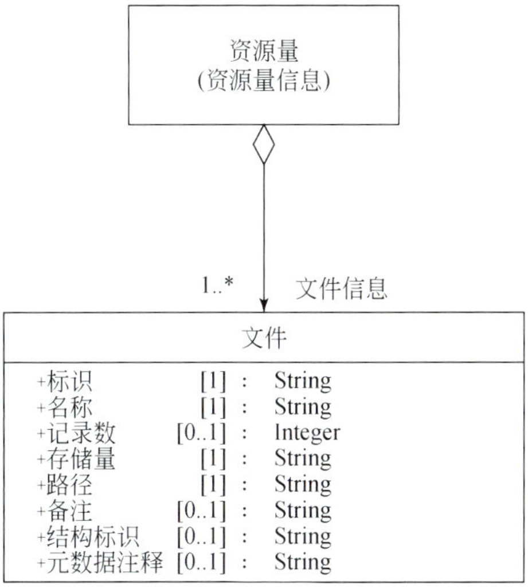

图 12 文件信息

2.16 联系人信息和覆盖范围信息

2.16.1 联系人信息（图 13）

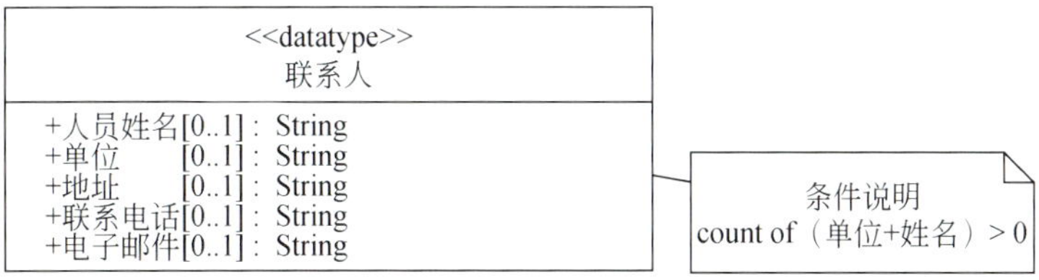

图 13 联系人信息

2.16.2 覆盖范围信息（图 14）

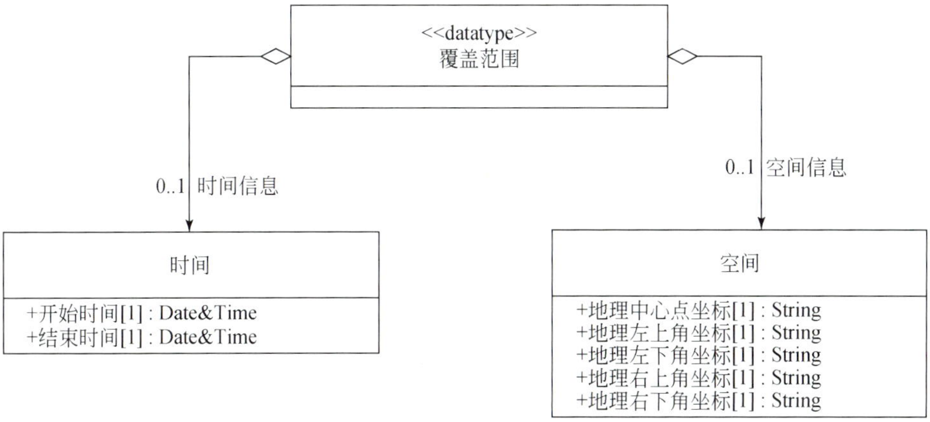

图 14 覆盖范围信息

附录 A （规范性附录）数据字典

A.1 元数据信息

见表 A.1。UML 模型见图 4。

表 A.1 元数据信息

序号	中文名称	英文名称	缩写名	定义	数据类型	值域	约束 / 条件	最大出现次数
1.1	元数据	Metadata information	MetaInfo	关于元数据记录自身的标识和管理信息	类	A.1	M	1
1.2	角色名称：元数据参考信息	Metadata reference	MetaRefer	数据资源元数据的参考信息	关联	A.2	O	1
1.3	角色名称：标识信息	Identity information	IdentityInfo	关于数据资源的基本标识信息	关联	A.3	M	1
1.4	角色名称：数据资源内容信息	Content information	ContentInfo	关于数据资源内容的信息	关联	A.4	M	1
1.5	角色名称：资源量信息	Resource informatica	ResourceInfo	关于资源总量的信息	关联	A.5	M	1
1.6	角色名称：引用和关联信息	Citation and relation	CitationRelation	定义资源的数据引用和关联方式	关联	A.6	O	1
1.7	角色名称：分发信息	Distribute information	DistributeInfo	关于数据资源内容的信息	关联	A.7	M	1
1.8	角色名称：项目信息	Project information	ProjectInfo	作为资源产生背景的研究项目的有关信息	关联	A.8	O	N

A.2 元数据参考信息

见表 A.2。UML 模型见图 5。

表 A.2 元数据参考信息

序号	中文名称	英文名称	缩写名	定义	数据类型	值域	约束 / 条件	最大出现次数
2	元数据参考	Metadata reference	MetaRefer	数据资源元数据的参考信息	聚集类	2.1 ～ 2.5	O	1
2.1	元数据创建日期	Metadata creation date	MetaCreationDate	数据资源元数据的创建日期	日期类型	自由日期	O	1

续表

序号	中文名称	英文名称	缩写名	定义	数据类型	值域	约束/条件	最大出现次数
2.2	元数据标准名称	Metadata standard name	MetaStandardName	当前领域数据资源著录时所采用的元数据标准的名称	字符串	自由文本	M	1
2.3	元数据标准版本号	Metadata standard version	MetaStandardVersion	当前领域数据资源著录时所采用的元数据标准的版本信息	字符串	自由文本	M	1
2.4	元数据语种	Metadata language	MetaLang	元数据实例的语种	字符串	GB/T 4880	C/不由编码标准定义	1
2.5	元数据字符集	Metadata character set	MetaCharSet	元数据实例所采用的字符编码标准	类	字符集代码 <<代码表>>（B.2）	C/不执行 GB 2312 且不由编码标准定义	1
2.6	元数据联系人信息	Metadata contact information	MetaContactInfo	数据资源元数据创建和维护者的联系信息	类	联系人<<数据类型>>（A.11）	M	1

A.3　标识信息

见表 A.3。UML 模型见图 6。

表 A.3　标识信息

序号	中文名称	英文名称	缩写名	定义	数据类型	值域	约束/条件	最大出现次数
3	标识	Identity information	IdentityInfo	关于数据资源的基本标识信息	聚集类	3.1 ～ 3.6	M	1
3.1	数据资源中文名称	Chinese title	ChiTitle	数据资源的中文全称	字符串	自由文本	M	1
3.2	数据资源英文名称	English title	EngTitle	数据资源的英文名称	字符串	自由文本	O	1
3.3	数据资源持久唯一标识	Persistent identifier	PID	数据资源创建单位赋予数据资源的唯一标识符	字符串	唯一标识符命名字符集和有效分割符“.”	M	1
3.4	学科分类	Taxonomy	Taxonomy	数据资源的内容所涉及的分类	字符串	自由文本	M	N
3.5	关键词	Keyword	Keyword	由用户自由选取的描述数据资源内容的词语	字符串	自由文本	M	N
3.6	简介	Introduction	Introduction	对数据资源内容的文本介绍	字符串	自由文本	M	1

A.4　数据资源内容信息

见表 A.4。UML 模型见图 7。

表 A.4　数据资源内容信息

序号	中文名称	英文名称	缩写名	定义	数据类型	值域	约束 / 条件	最大出现次数
4	数据资源内容	Content information	ContentInfo	关于数据资源内容的信息	聚集类	4.1 ～ 4.5	M	1
4.1	创建日期	Creation date	CreationDate	数据资源内容的创建日期	日期类型	自由日期	M	1
4.2	更新日期	Update date	UpdateDate	描述数据资源的更新时间	日期类型	自由日期	O	1
4.3	数据资源内容联系人	Creator	Creator	数据资源的创建者信息	类	联系人 << 数据类型 >>A.10	M	N
4.4	数据格式	Data format	DataFormat	数据资源或其所包含文件的数据格式	字符串	自由文本，数据格式可参考附录代码表 B.2 列出的可能格式	O	N
4.5	语种	Language	Language	数据资源内容所采用的语种	字符串	自由文本	O	N

A.5　资源量信息

见表 A.5。UML 模型见图 8。

表 A.5　资源量信息

序号	中文名称	英文名称	缩写名	定义	数据类型	值域	约束 / 条件	最大出现次数
5	资源量	Resource informatica	ResourceInfo	关于资源总量的信息	聚集类	5.1 ～ 5.3	M	1
5.1	文件数	Total Number of Files	ToFilesNumber	数据资源所包含文件个数的说明	字符串	自由文本	O	1
5.2	存储量	Total memory size	ToMemorySize	以数据资源所占的物理存储空间表示的数据量	字符串	自由文本	M	1
5.3	记录数	Total Number of Records	ToRecordNum-ber	关系型数据库类型的数据资源所包含的记录数	字符串	自由文本	M	1

A.6　引用和关联信息

见表 A.6。UML 模型见图 9。

表 A.6　引用和关联信息

序号	中文名称	英文名称	缩写名	定义	数据类型	值域	约束 / 条件	最大出现次数
6	引用和关联	Citation And Relation	CitationRela-tion	定义资源的数据引用和关联方式	聚集类	6.1 ～ 6.5	O	1
6.1	引用方式	Citation	Citation	数据资源的标准参考文献	字符串	自由文本	O	1
6.2	关联	Relation	Relation	与当前数据资源相关的其他数据资源	特化类	6.2 ～ 6.5	O	N
6.3	关联类型	Relationship	Relationship	关联数据资源与当前数据资源之间的关系类型	字符串	附录代码表 B.1	O	1
6.4	关联 URI	Related URI	RelatedURI	关联数据资源的 URI	字符串	自由文本	O	1
6.5	关联数据资源名称	Related title	RelatedTitle	与当前数据资源相关的数据资源的题名	字符串	自由文本	O	1

A.7　分发信息

见表 A.7。UML 模型见图 10。

表 A.7　分发信息

序号	中文名称	英文名称	缩写名	定义	数据类型	值域	约束 / 条件	最大出现次数
7	分发	Distribute information	DistributeInfo	关于数据资源内容的信息	聚集类	7.1 ～ 7.6	M	1
7.1	数据资源链接地址	URL	URL	数据资源提供网络服务的链接地址	字符串	自由文本	O	1
7.2	权限声明	Right state-ment	RightStatement	数据资源所属权限的声明	字符串	自由文本	O	1
7.3	共享声明	Share	Share	对数据资源内容的共享说明	字符串	自由文本	O	1
7.4	访问限制	Visit limit	VisitLimit	描述数据资源内容的使用限制	字符串	自由文本	O	1
7.5	发布日期	Publish date	PubDate	数据资源提供方发布数据资源的日期	日期类型	自由日期	M	1
7.6	角色名称：联系信息	Contact information	ContactInfo	数据资源分发人的联系方式	类	联系人 << 数据类型 >>（A.10）	M	1

A.8 项目信息

见表 A.8。UML 模型见图 11。

表 A.8 项目信息

序号	中文名称	英文名称	缩写名	定义	数据类型	值域	约束 / 条件	最大出现次数
8	项目	Project information	ProjectInfo	作为资源产生背景的研究项目的有关信息	聚集类	8.1 ～ 8.6	O	N
8.1	项目名称	Project name	Projname	研究项目的名称	字符串	自由文本	M	1
8.2	项目代码	Project code	Projcode	研究项目的代码	字符串	自由文本	O	1
8.3	项目摘要	Project abstract	Projabs	对研究项目的概要描述	字符串	自由文本	O	1
8.4	项目目标	Project purpose	Projpurp	对研究目标的说明	字符串	自由文本	O	1
8.5	资金来源	Project funding	Projfund	研究项目的资金来源方面的信息	类	资金来源代码 << 代码表 >>（B.4）	O	1
8.6	父项目	Parent project	ParentProj	当前项目的父项目的名称	字符串	自由文本	O	1

A.9 文件信息

见表 A.9。UML 模型见图 12。

表 A.9 文件信息

序号	中文名称	英文名称	缩写名	定义	数据类型	值域	约束 / 条件	最大出现次数
9	文件	File information	FileInfo	与数据资源有关的文件信息	聚集类	9.1 ～ 9.8	M	
9.1	标识	File identity number	FileID	数据文件的标识	字符串	自由文本	M	1
9.2	名称	File name	FileName	数据文件的全称	字符串	自由文本	M	1
9.3	记录数	Number of Records	RecordNumber	关系型数据库类型的数据资源所包含的记录数	整型	非负整数	O	1
9.4	存储量	Memory size	MemorySize	以数据资源所占的物理存储空间表示的数据量	字符串	自由文本	M	1
9.5	路径	Path	Path	文件的存储路径	字符串	自由文本	M	1
9.6	备注	Note	Note	其他需要的一些说明	字符串	自由文本	O	1
9.7	结构标识	Structure ID	StrucID	描述某一数据文件的结构标识	字符串	自由文本	O	1
9.8	元数据注释	Metadata annotation	MetaAnnotation	数据文件中的元数据注释信息	字符串	自由文本	O	1

A.10　联系人信息

见表 A.10。UML 模型见图 13。

表 A.10　联系人信息

序号	中文名称	英文名称	缩写名	定义	数据类型	值域	约束 / 条件	最大出现次数
10	联系人	Contact information	ContactInfo	与数据资源有关的个人和组织联系信息	类 << 数据类型 >>	10.1 ～ 10.5	M	N
10.1	人员姓名	Contact name	ContactName	与数据资源有关的联系人员名称	字符串	自由文本	M	1
10.2	单位	Organization name	Organization-Name	联系单位	字符串	自由文本	O	1
10.3	地址	Address	Address	联系人的详细通信地址和邮政编码	字符串	自由文本	O	1
10.4	联系电话	Phone number	PhoneNum	联系人电话号码	字符串	自由文本	O	1
10.5	电子邮件	Email	Email	联系人电子邮件地址	字符串	自由文本	O	1

A.11　覆盖范围信息

见表 A.11。UML 模型见图 14。

表 A.11　覆盖范围信息

序号	中文名称	英文名称	缩写名	定义	数据类型	值域	约束 / 条件	最大出现次数
11	覆盖范围	Coverage	Coverage	数据资源内容所涉及的时间和空间范围	类 << 数据类型 >>	11.1 ～ 11.2	O	1
11.1	时间范围	Temporal range	Temporal	数据资源的内容所涵盖的时间范围	聚集类	A.12	O	1
11.2	空间范围	Spatial range	SpatialRange	数据资源的内容所涵盖的空间范围	聚集类	A.13	O	1

A.12　时间范围信息

见表 A.12。UML 模型见图 14。

表 A.12 时间范围信息

序号	中文名称	英文名称	缩写名	定义	数据类型	值域	约束 / 条件	最大出现次数
12	时间范围	Temporal range	Temporal	数据资源的内容所涵盖的时间范围	聚集类	12.1 ～ 12.2	O	1
12.1	开始时间	Start time	StartTime	数据资源的内容所涵盖的时间范围开始时间	时间和日期类型	自由文本	O	1
12.2	结束时间	End time	EndTime	数据资源的内容所涵盖的时间范围结束时间	时间和日期类型	自由文本	O	1

A.13 空间范围信息

见表 A.13。UML 模型见图 14。

表 A.13 空间范围信息

序号	中文名称	英文名称	缩写名	定义	数据类型	值域	约束 / 条件	最大出现次数
13	空间范围	Spatial range	Spatial-Range	数据资源的内容所涵盖的空间范围	聚集类	11.1 ～ 11.5	O	1
13.1	地理中心点坐标	Center	Center	数据资源的内容所涵盖的空间范围中心点坐标	字符串	自由文本	O	1
13.2	地理左上角坐标	Upper left	UpLeft	数据资源的内容所涵盖的地理范围左上角坐标	字符串	自由文本	O	1
13.3	地理左下角坐标	Lower left	LowLeft	数据资源的内容所涵盖的地理范围左下角坐标	字符串	自由文本	O	1
13.4	地理右上角坐标	Upper right	UpRight	数据资源的内容所涵盖的地理范围右上角坐标	字符串	自由文本	O	1
13.5	地理右下角坐标	Lower right	LowRight	数据资源的内容所涵盖的地理范围右下角坐标	字符串	自由文本	O	1

附录 B （规范性附录）代码表

见表 B.1 ～表 B.4。

表 B.1 关联类型代码表

名称	代码	说明
包含	haspart	表示关联数据资源是当前数据资源的子集
属于	ispartof	表示关联数据资源是当前数据资源的父集
相关	related	表示关联数据资源是当前数据资源的兄弟集

表 B.2　字符集代码表

	名称	域代码	定义
1	字符集代码	CharSetCd	资源使用的字符编码标准的名称
2	gb2312	001	国标 2312，简化汉字代码集
3	big5	002	用于中国台湾、香港及其他地区的传统繁体汉字代码集
4	ucs2	003	通用字符集 2，基于 ISO 10646 的 16- 位定长通用字符集
5	ucs4	004	通用字符集 4，基于 ISO 10646 的 32- 位定长通用字符集
6	utf7	005	通用字符集 7，基于 ISO 10646 的 7- 位变长通用字符集转换格式
7	utf8	006	通用字符集 8，基于 ISO 10646 的 8- 位变长通用字符集转换格式
8	utf16	007	通用字符集 16，基于 ISO 10646 的 16- 位变长通用字符集转换格式
9	usAscii	008	美国 ASCII 代码集（ISO 646 US）
10	gb 18030	009	信息技术信息交换用汉字编码字符集基本集的扩充
11	GB/T 15273.1	010	信息处理八位单字节编码图形字符集第一部分：拉丁字母一。等同于 ISO/IEC 8859-1
12	GB/T 15273.2	011	信息处理八位单字节编码图形字符集第二部分：拉丁字母二。等同于 ISO/IEC 8859-2
13	GB/T 15273.3	012	信息处理八位单字节编码图形字符集第三部分：拉丁字母三。等同于 ISO/IEC 8859-3
14	GB/T 15273.4	013	信息处理八位单字节编码图形字符集第四部分：拉丁字母四。等同于 ISO/IEC 8859-4
15	GB/T 15273.7	014	信息处理八位单字节编码图形字符集第七部分：拉丁 / 希腊字母。等同于 ISO/IEC 8859-7
16	8859 第五部分	015	ISO/IEC 8859-5，信息处理八位单字节编码图形字符集第五部分：拉丁 / 古斯拉夫字母
17	8859 第六部分	016	ISO/IEC 8859-6，信息处理八位单字节编码图形字符集第六部分：拉丁 / 阿拉伯字母
18	8859 第八部分	017	ISO/IEC 8859-8，信息处理八位单字节编码图形字符集第八部分：拉丁 / 希伯来字母
19	8859 第九部分	018	ISO/IEC 8859-9，信息处理八位单字节编码图形字符集第九部分：拉丁字母 No.5
20	8859 第十部分	019	ISO/IEC 8859-10，信息处理八位单字节编码图形字符集第十部分：拉丁字母 No.6
21	8859 第十一部分	020	ISO/IEC 8859-11，信息处理八位单字节编码图形字符集第十一部分：拉丁 / 泰语字母
22	8859 第十三部分	021	ISO/IEC 8859-13，信息处理八位单字节编码图形字符集第十三部分：拉丁字母 No.7

续表

	名称	域代码	定义
23	8859 第十四部分	022	ISO/IEC 8859-14，信息处理八位单字节编码图形字符集第十四部分：拉丁字母 No.8
24	8859 第十五部分	023	ISO/IEC 8859-15，信息处理八位单字节编码图形字符集第十五部分：拉丁字母 No.9
25	8859 第十六部分	024	ISO/IEC 8859-16，信息处理八位单字节编码图形字符集第十六部分：拉丁字母 No.10
26	jis	025	日本工业标准，电子传输使用的日语代码集
27	shiftJis	026	用于 MS-DOS 的基于机器的日语代码集
28	eucJP	027	用于 UNIX 的基于机器的日语代码集
29	ebcdic	028	IBM 大型机代码集
30	ebcKR	029	朝鲜语代码集

表 B.3　数据格式代码表

名称	描述
ARCE	ARC/INFO Export 格式
ARCG	ARC/INFO Generate 格式
ASCII	ASCII 文件，文本属性格式
BIL	图像，隔行条纹
BIP	图像，隔像素条纹
BMP	位图文件格式
BSQ	图像，无间隔条纹
CDF	通用数据格式
CFF	制图特征文件
COORD	用户创建的坐标文件，已申明格式
DBF	数据库文件格式
DEM	数字化高程模型格式
DFAD	数字化特征分析数据
DGN	微型工作站格式
DIGEST	数字化地理信息交换标准
DLG	数字化线图

续表

名称	描述
DOC	Word 文档格式
DTED	数字化地形高度数据
DWG	AutoCAD 绘图格式
DX90	数据交换 ‘90
DXF	AutoCAD 图形交换格式
ERDAS	ERDAS 图像文件
GIF	图形交换格式
GRASS	地理资源分析支持系统
HDF	分层数据格式
HTML	超文本标识语言格式
IGDS	交互式图形设计系统格式
IGES	初始图形交换标准
JPEG	联合图像专家组文件交换格式
MOSS	复合表层统计系统输出文件
NetCDF	网络通用数据格式
NITF	国家通用数据传输格式
RPF	光栅产品格式
RTF	Rich-Text 格式
RVC	光栅、向量转换格式
SDTS	空间数据传输标准
SIF	标准线条格式
TIFF	标记图像文件格式
TGRLN	地理学综合地理编码和参考线格式
TXT	纯文本文件格式
VPF	向量产品格式
XLS	Excel 文件格式

表 B.4 资金来源代码表

名称	域代码	定义
资金来源代码	FundCd	项目的资金来源
国家自然科学基金	001	中华人民共和国国家自然科学基金资助的项目
国家发展和改革委员会	002	中华人民共和国国家发展和改革委员会资助的项目
科技部	003	中华人民共和国科学技术部资助的项目
教育部	004	中华人民共和国教育部资助的项目
农业部	005	中华人民共和国农业部资助的项目
林业部	006	中华人民共和国林业部资助的项目
国家海洋局	007	中华人民共和国国家海洋局
国家环境保护总局	008	中华人民共和国国家环境保护总局资助的项目
中国科学院	009	中国科学院资助的项目
地方政府	010	各地地方政府资助的项目
国际合作	011	国际合作方式获得资金的项目
单位自选	012	单位自身出资完成的项目
企业委托	013	企业出资委托完成的项目
其他	014	以其他途径（除以上来源）获得资金的项目

附录 4 DataBank 全球遥感影像地理格网及其产品规范

中国科学院战略性先导科技专项（A 类）
地球大数据科学工程标准

XB/T 2018

DataBank 全球遥感影像地理格网及其产品规范

2018-05 发布

前言

本标准是中国科学院战略性先导科技专项（A 类）地球大数据科学工程地理框架标准之一，根据中国科学院战略性先导科技专项（A 类）地球大数据科学工程标准化建设要求制定。

本标准的附录 A 是规范性附录，附录 B 是资料性附录。

本标准由“中国科学院战略性先导科技专项（A 类）地球大数据科学工程”项目提出。

本标准由中国科学院遥感与数字地球研究所归口管理。

本标准起草单位：中国科学院遥感与数字地球研究所。

本标准主要起草人：焦伟利、龙腾飞、何国金、王桂周、张兆明、彭燕、王威。

DataBank 全球遥感影像地理格网及其产品规范

1 范围

本标准规定了 DataBank 中多种地图投影和遥感影像的地理格网的划分与编码方法。

本标准适用于遥感影像产品的地理格网分幅与编码，为遥感影像共享和遥感信息整合提供以格网为单元的空间参照。

2 规范性引用文件

下列文件对于本文件的应用是必不可少的。凡是注日期的引用文件，仅注日期的版本适用于本文件。凡是不注日期的引用文件，其最新版本（包括所有的修改单）适用于本文件。

GB/T 12409—2009 地理格网；

GB/T 37151—2018 基于地形图标准分幅的遥感影像产品规范。

3 术语与定义

下列术语和定义适用于本标准。

3.1 格网（grid）

由两组或多组曲线集所组成的网络，曲线集合中的曲线按某种算法相交。

注：曲线集把空间分割成格网单元（国际标准化组织 IX-ISO，2005）。[ISO 19123：2005]

3.2 格网单元（grid cell）

构成格网系统中某级格网的基本单位（国家质量监督检验检疫总局，中国国家标准化管理委员会发布，2009）。[GB/T 12409:2009]

3.3 地理格网（geographic grid）

按照一定的数学规则对地球表面进行划分而形成的格网（国家质量监督检验检疫总局，中国国家标准化管理委员会发布，2009）。[GB/T 12409:2009]

3.4 经纬坐标格网（geographical graticule）

按一定经纬度间隔对地球表面进行划分而形成的格网（国家质量监督检验检疫总局，中国国家标准化管理委员会发布，20092）。[GB/T 12409:2009]

3.5　直角坐标格网（rectangular grid）

将地球表面区域按数学法则投影到平面上，按一定的纵横坐标间距和统一的坐标原点对地表区域进行划分而构成的格网（国家质量监督检验检疫总局，中国国家标准化管理委员会发布，2009）。[GB/T 12409:2009]

3.6　格网编码（grid encoding）

按照一定规则，赋予格网单元唯一标识代码的过程（国家质量监督检验检疫总局，中国国家标准化管理委员会发布，2009）。[GB/T 12409:2009]

3.7　数据银行（DataBank）

为地球大数据科学工程建立的一套数据、计算与服务一体化的时序对地观测数据智能服务平台，能够高效存取多源、多尺度、长时序的卫星影像及其他地球观测数据数据库中的资料并提供足够的运算能力来对这些数据进行处理和分析。

3.8　即得即用产品（ready to use product）

按一定的标准处理的，便于用户直接分析和应用的一系列高级遥感数据产品。

3.9　数据格网（Tile）

具体影像数据的剖分格网。RTU 地理格网产品是按照定义的格网系统剖分为具有分辨率、角点坐标、格网大小、产品类型等属性的数据格网。

3.10　质量标识（quality attribute）

随数据产品一起提供的数据质量标识信息，以波段的形式存在。可用于确定产品的每个像素是否适合某种用途或应用。例如像元质量缺陷或无效像素、云、雪等标识。

4　缩略语

RTU：即得即用产品（ready to use product）；
QA：质量标识（quality attribute）。

5　坐标系及地图投影

5.1　坐标系

采用 2000 国家大地坐标系（即 CGCS2000），比例尺小于 1:10000 的影像也可以采用 WGS84 坐标系。

5.2　地图投影

依据比例尺及地面分辨率实际情况，可以采用经纬坐标或平面直角坐标投影。对于平面直角坐标投影具体建议如下：

（1）全球尺度投影建议采用正弦曲线等面积伪圆柱投影（Sinusoidal）；
（2）中国区域尺度投影建议采用阿尔伯斯等面积割圆锥投影（Albers）；
（3）地面分辨率优于 100m 的影像建议采用 UTM 投影；
（4）极地区域建议采用兰伯特等积方位投影（Lambert Azimuthal Equal-Area）。

6　坐标格网

6.1　经纬坐标格网

6.1.1　经纬坐标格网概述

经纬坐标格网面向大范围（全球或全国），适用于较概略表示信息的分布和粗略定位的应用。经纬度格网采用赤道和本初子午线的交点为原点。经纬度坐标格式按照度、分、秒格式表达。经纬坐标格网按经差、纬差分级。代码由格网间隔代码、南北半球代码、纬度代码、东西半球代码、经度代码组成。图 1 为全球 10°×10°经纬度格网分幅与编码示意图。6.1.2 和 6.1.3 分别给出基本层级的格网间隔和编码方法，扩展分级及编码方法见 6.1.4。

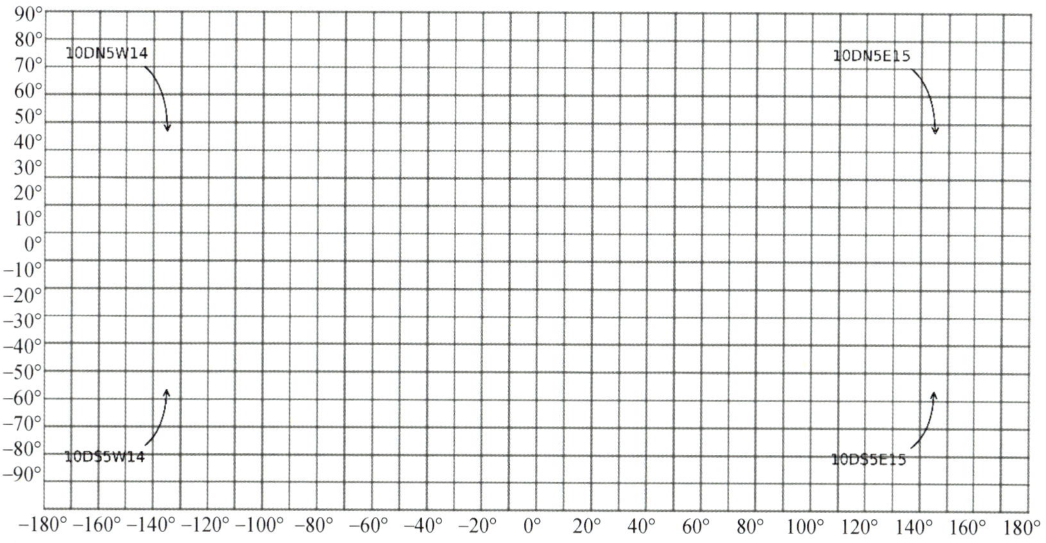

图 1　全球 10°×10°经纬度格网分幅与编码

6.1.2　经纬坐标格网分级

分级规则：各层级的格网间隔为整倍数关系，同级格网单元的经差、纬差间隔相同。经纬坐标格网基本分为 6 级。

表 1 经纬坐标格网分级

格网间隔	10° × 10°	1° × 1°	10′ × 10′	1′ × 1′	10′ × 10″	1″ × 1″
格网名称	1 度	1 度	1 分	1 分	1 秒	1 秒
格网编码	N* E**	N** E***	N*** E****	N**** E*****	N***** E******	N****** E*******

6.1.3 经纬坐标格网编码

经纬坐标格网编码如下：

格网间隔代码＋南北半球代码＋纬度代码＋东西半球代码＋经度代码。

格网间隔代码依据表 1 所列的格网间隔用 2 位数字码表示，不足 2 位的在前面补 0。如格网间隔 1′ 时表示为 01，格网间隔 10″ 时，表示为 10。间隔单位代码用 D 表示以度为单位、M 表示以分为单位、S 表示以秒为单位。

南北半球代码用 1 位字母码表示，用 N 表示北半球，S 表示南半球。

纬度代码数值和长度依据表 1 所列的格网间隔确定，数字码为纬度值除以格网间隔值取整。如格网间隔 10 时，纬度代码为纬度值取整；格网间隔 10′ 时，纬度代码为在 10 代码基础上添加 10′ 的数字码，10′ 码为纬度的分除以 10 后取整，依此类推。具体公式为：int（| 纬度 / 格网间隔 |）。

东西半球代码用 1 位字母码表示，用 E 表示东半球，W 表示西半球。

经度代码比纬度代码多一位，编码方式与纬度代码相同。即 int（| 经度 / 格网间隔 |）。

例：某点位于 75° 41′ 15″ N, 1430 02′ 35″ E，其

10° × 10°：十度格网代码为 10DN7E14；

1° × 1°：一度格网代码为 01DN75E143；

10′ × 10′：十分格网代码为 10MN754E1430；

1′ × 1′：一分格网代码为 01MN7541E14302；

10″ × 10″：十秒格网代码为 10SN75411E143023；

1′ × 1″：一秒格网代码为 01SN754115E1430235。

6.1.4 经纬坐标格网扩展

在一度格网基础上向更大格网间隔延伸，如二度格网、五度格网、……、N 度格网。也可按一定间隔细分格网。细分格网间隔宜与相邻基本层级的格网间隔成倍数关系。

例：某点位于 75°41′ 15″N, 143°02′ 35″E，求其二度格网、五度格网、五分格网、二秒格网的代码。

5° × 5°：五度格网代码为 05DN15E28；

2° × 2°：二度格网代码为 02DN37E71；

5′ × 5′：五分格网代码为 05MN7508E14300；

2″ × 2″：二秒格网代码为 02SN754107E1430217。

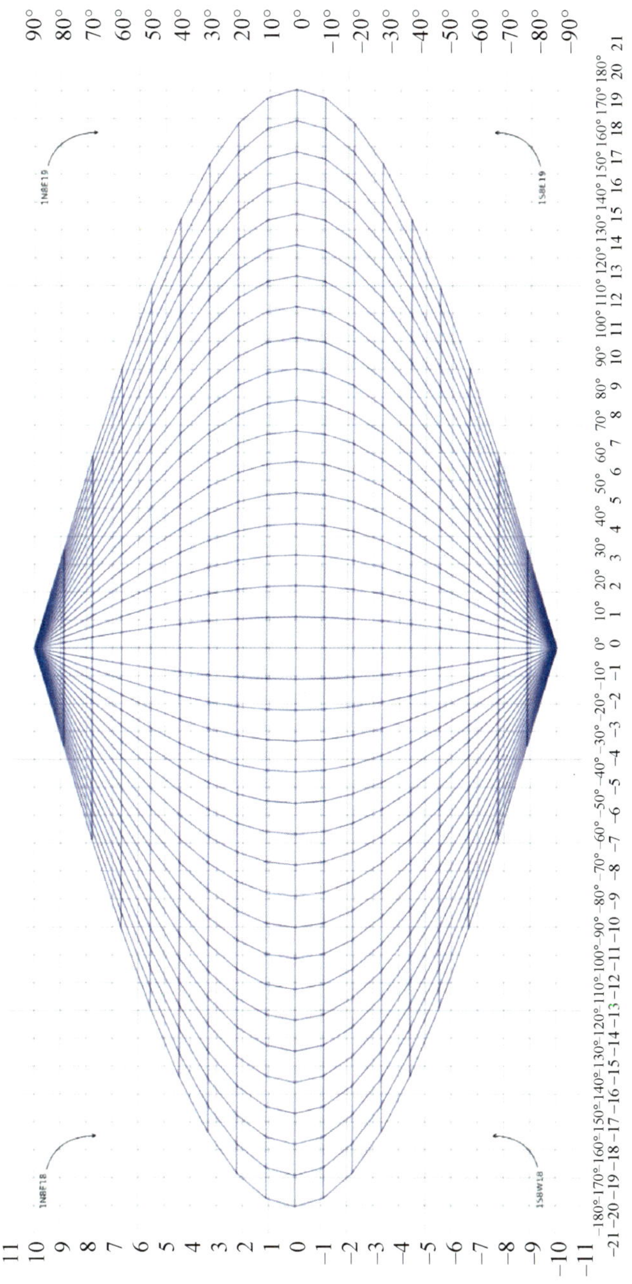

图 2　正弦曲线投影千公里格网示意图

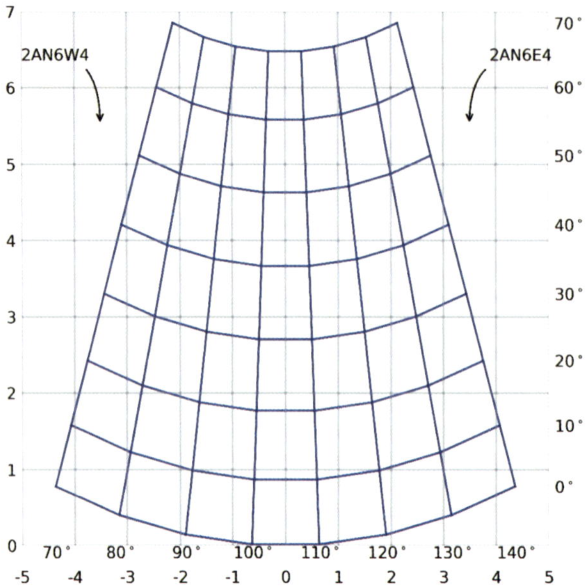

图 3 阿尔伯斯投影千公里格网示意图

6.2 平面直角坐标格网

6.2.1 平面直角坐标格网概述

直角坐标格网与所采用的地图投影密切相关，投影相同，格网的平面坐标和编码相同，投影不同，格网的平面坐标和编码不同。

小比例尺全球尺度影像建议采用正弦曲线等面积伪圆柱投影（Sinusoidal），原点为赤道和本初子午线的交点。格网分幅与编码示意如图 2 所示。

地面分辨率优于 100m 的影像建议采用 6° 分带的 UTM 投影。格网分幅与编码示意如图 3 所示。

中国区域尺度影像建议采用阿尔伯斯等面积割圆锥投影（Albers），原点为赤道和 105° 中央经线交点，两条标准纬线为 25°、47°。格网分幅与编码示意如图 4 所示。

极地区域建议采用兰伯特等积方位投影（Lambert Azimuthal Equal-Area），原点为南极点或北极点。格网分幅与编码示意如图 5 所示。

直角坐标格网代码主要由投影代码、南北半球代码、纵坐标格网代码、东西坐标代码（或投影带号代码）、横坐标格网代码组成。

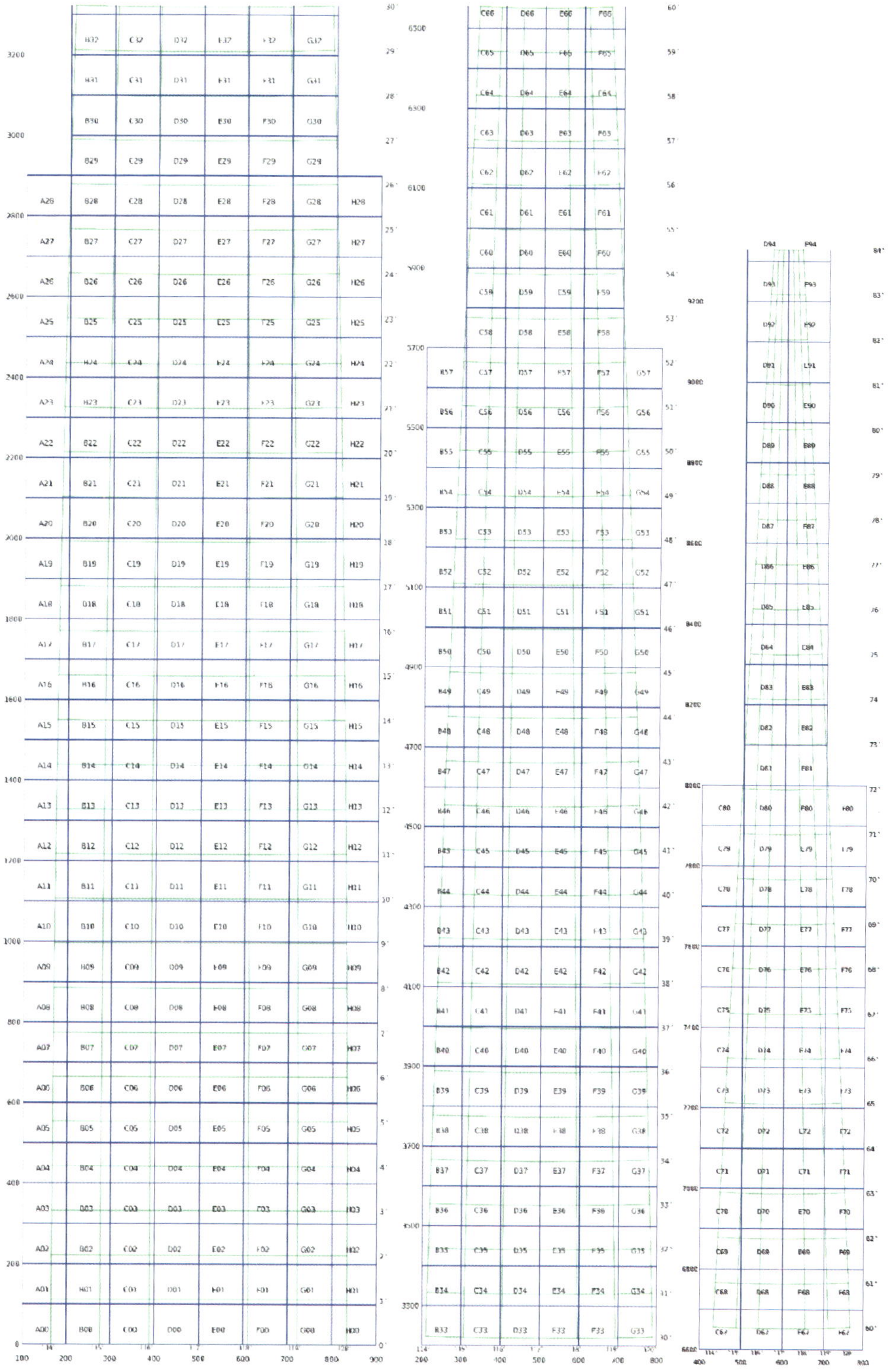

图 4　UTM 百公里格网示意图

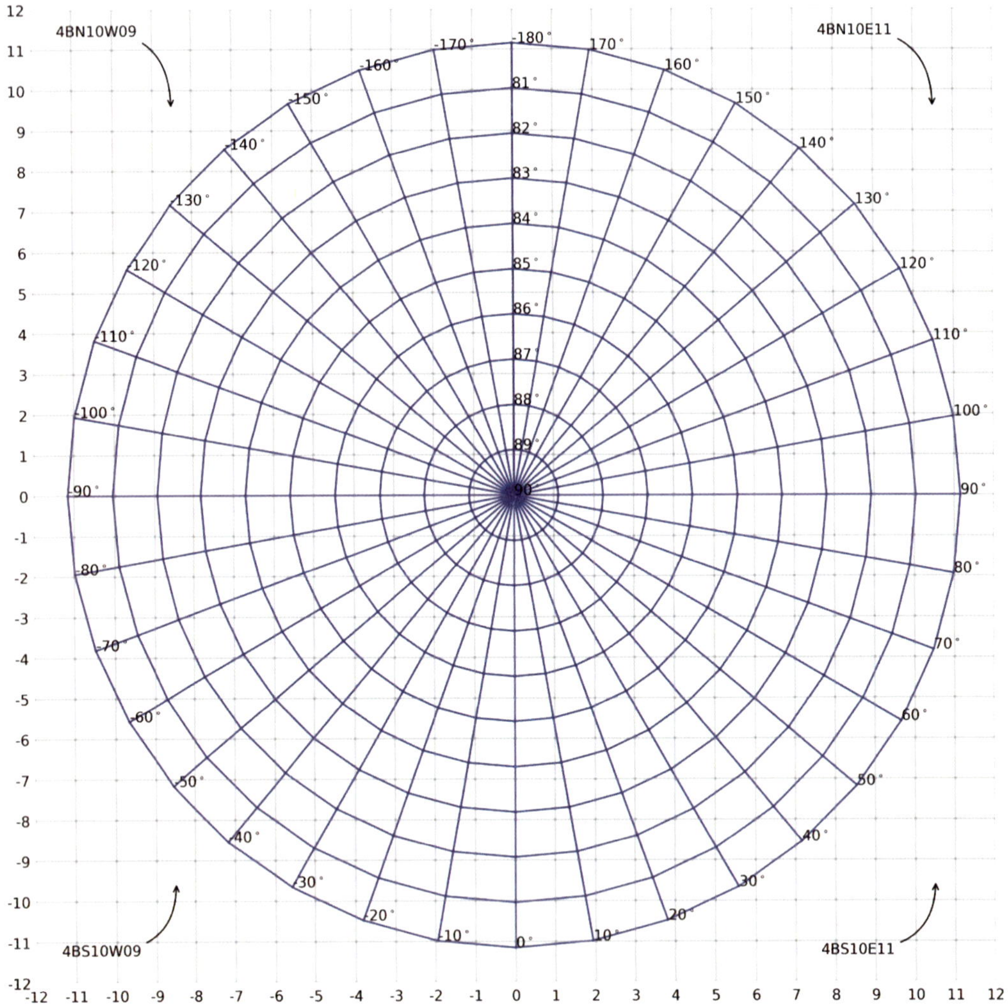

图 5　北极兰伯特等积方位投影百公里格网示意图

6.2.2　直角坐标格网分级

分级规则：各级格网的间隔为整数倍关系，同级格网单元在 *X*、*Y* 方向的间距相等。

直角坐标格网系统根据格网单元间隔分为 6 级，以千公里格网单元为基础，按 10 倍的关系细分，如表 2 所示。

表 2　直角坐标格网系统分级

格网间隔（M）	1000000	100000	10000	1000	100	10	1
格网名称	千公里格网	百公里格网	十公里格网	公里格网	百米格网	十米格网	米格网
格网名称代码	A	B	C	D	F	G	H

6.2.3　直角坐标格网编码方法

平面直角坐标格网代码组成如下：

投影代码 + 南北坐标代码＋纵坐标格网代码＋东西坐标代码（或投影带号代码）＋横坐标格网代码。

投影代码为 1 位数字码。1. 正弦曲线等面积伪圆柱投影（Sinusoidal）；2. 阿尔伯斯等面积割圆锥投影（Albers）；3.UTM 投影；4. 北极兰伯特等积方位投影（Lambert Azimuthal Equal-Area）；5. 南极兰伯特等积方位投影（Lambert Azimuthal Equal-Area）。

南、北坐标代码采用 1 位字母码。原点以南坐标用“S”表示，原点以北坐标用“N”表示。

东、西坐标代码采用 1 位字母码。原点以东坐标用“E”表示，原点以西坐标用“W”表示。东西坐标代码不适用于有坐标平移的投影。

投影带号代码用于 UTM 投影，采用 2 位数字码表示。UTM 投影采用 6° 分带，全球共分 60 带，投影带号代码为 01 ～ 60。

纵坐标格网代码与横坐标格网代码为选用的层级格网间隔字位数值取整。即 INT（| 坐标值 / 间隔值 |）。具体为：

千公里格网代码由坐标值千公里字位数值取整构成；

百公里格网代码由坐标值百公里字位数值取整构成；

十公里格网代码由坐标值十公里字位数值取整构成；

公里格网代码由坐标值一公里字位数值取整构成；

百米格网代码由坐标值百米字位数值取整构成；

十米格网代码由坐标值十米字位数值取整构成；

米格网代码由坐标值一米字位数值取整构成。

例：某点位于 39°55′ N，116°30′ E，其正弦曲线投影横坐标值为 9960467.2m，纵坐标值为 4420276.2m；阿尔伯斯投影（中央经线为 105°，双标准纬线为 25°、47°）横坐标值为 964574.1m，纵坐标值为 4346377.1m；UTM 投影 6° 分带带号为 50，横坐标值为 457268.2m，纵坐标值为 4418627.7m。不同投影格网代码如表 3 所示。

例：某点位于 80°30′ N，116°30′ E，其兰伯特等积方位投影横坐标值为 948433.8m，纵坐标值为 472871.6m。格网代码如表 3 所示。

例：某点位于 80°30′ S，116°30′ W，其兰伯特等积方位投影横坐标值为 −948433.8m，纵坐标值为 −472871.6m。格网代码如表 4 所示。

6.2.4　直角坐标格网扩充

直角坐标格网可在表 1 给出的直角坐标格网分级基础上按整倍数关系向小于 1m 的格网单元扩展。分米格网名称代码为 I。

例：某点位于（39°55′ N，116°30′ E），其 UTM 投影 6° 分带带号为 50，横坐标值为 457268.2m，纵坐标值 4418627.7m，求其 UTM 分米格网的代码。

分米格网代码：3IN44186277504572682。

表 3　直角坐标格网编码

格网名称	千公里格网（A）	百公里格网（B）	十公里格网（C）	公里格网（D）	百米格网（F）	十米格网（G）	米格网（H）
格网间隔（M）	1000000	100000	10000	1000	100	10	1
正弦曲线（1）	1AN4E9	1BN44E99	1CN442E996	1DN4420E9960	1FN44202E99604	1GN442027E996046	H1N4420276E9960467
阿尔伯斯（2）	/	2BN43E9	2CN434E96	2DN4346E964	2FN43463E9645	2GN434637E96457	2HN4346377E964574
UTM（3）	/	3BN44504	3CN4415045	3DN441850457	3FN44186504572	3GN4418625045726	3HN441862750457268

表 4　极地区域坐标格网编码

格网名称	千公里格网（A）	百公里格网（B）	十公里格网（C）	公里格网（D）	百米格网（F）	十米格网（G）	米格网（H）
格网间隔（M）	1000000	100000	10000	1000	100	10	1
北极兰伯特（4）	/	4BN4E9	4CN47E94	4DN472E948	4FN4728E9484	4GN47287E94843	4HN472871E948433
南极兰伯特（5）		5BS4W9	5CS47W94	5DS472W948	5FS4728W9484	5GS47287W94843	5HS472871W948433

直角坐标格网亦可在表 1 给出的直角坐标格网分级基础上，对现有层级再细分。各层级格网单元间隔宜根据如下公式计算得到的值，见表 5。

格网间隔 $=2\times10^n$ 或 5×10^n，$n\in\{0,1,2,3,4,5\}$

表 5　直角坐标格网扩充分级

格网名称	千公里区间格网	百公里区间格网	十公里区间格网	公里区间格网	百米区间格网	十米区间格网
格网名称代码	A#	B#	C#	D#	F#	G#
指数 n 取值	5	4	3	2	1	0
2×10^n 格网间隔（M）	200000	20000	2000	200	20	2
5×10^n 格网间隔（M）	500000	50000	5000	500	50	5

表 5 中 “#” 为依据区间格网间隔取 2 或 5。

扩充后的格网编码形式为：投影代码 + 格网名称代码 + 直角坐标格网代码，直角坐标格网代码公式为 INT（|坐标值 / 间隔值|）。

例：某点位于 (39°55′ N, 116°30′ E)，其 UTM 投影 6° 分带带号为 50，横坐标值为 457268.2m，纵坐标值 4418627.7m，UTM 扩充的格网间隔代码见表 6。

表 6　UTM 坐标扩充格网编码

格网名称	区间格网间隔（M）	UTM（3）
千公里区间格网（A#）	500000	/
百公里区间格网（B#）	20000	3B2N2205022
十公里区间格网（C#）	5000	3C5N8835091
公里区间格网（D#）	200	3D2N22093502286
百米区间格网（F#）	50	3F5N88372509145
十米区间格网（G#）	2	3G2N220931350228634

7　遥感影像产品的地理格网分幅与编码

7.1　影像格网的分幅

影像产品格网根据其分辨率和投影不同采用不同的格网分幅规则。

7.1.1　经纬格网分幅

全球镶嵌影像建议采用经纬度格网分幅。分幅规则遵循 6.1 规定。

7.1.2　阿尔伯斯格网分幅

全国镶嵌影像建议采用阿尔伯斯格网分幅。分幅规则遵循 6.2 规定。

7.1.3　正弦曲线格网分幅

地面分辨率低于 100m，纬度低于南、北纬 80° 的影像建议采用正弦曲线格网分幅。分幅规则遵循 6.2 规定。

7.1.4　兰伯特等积方位投影格网分幅

极地区域建议采用兰伯特等积方位投影格网分幅。分幅规则遵循 6.2 规定。

7.1.5　UTM 格网分幅

地面分辨率高于 100m 的影像建议采用 UTM 投影和 6° 分带格网分幅，分幅规则遵循 6.2 规定。地面分辨率为 10 ～ 100m 的影像建议采用百公里格网分幅，地面分辨率优于 10m 的影像建议采用 10km 格网分幅。图 6 为全球 UTM 百公里格网分幅示意图。

对于跨带影像，跨带部分需要重投影到相应投影带，并按照该投影带的格网进行分幅。

影像可以覆盖整个格网或部分格网。部分覆盖的格网一般是位于一景影像的边缘。

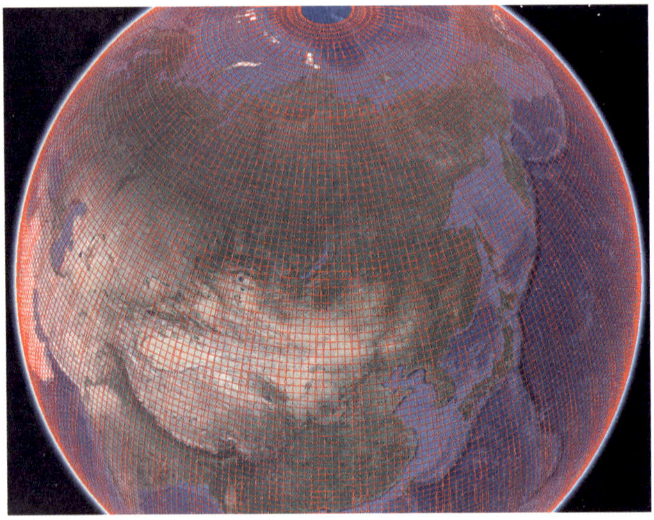

图 6　全球 UTM 百公里格网分幅示意图

7.2　影像格网的编码

影像格网的编码由地理格网编码、卫星标识、传感器标识、影像获取时间、影像产品版本、影像产品名称、影像波段标识七个部分组成。各部分以 "_" 分隔，各部分说明见表 7。

表 7　影像格网编码各部分说明

名称	要求说明
地理格网编码（grid_id）	符合第 6 节要求
卫星标识（satellite_id）	参见（国家市场监督管理总局，中国国家标准化管理委员会发布，2018）附录 B。例如，Landsat 系列分别用 L3/L4/L5/L7/L8 标识
传感器标识（sensor_id）	参见（国家市场监督管理总局，中国国家标准化管理委员会发布，2018）附录 B。Landsat 系列分别为 MSS、TM、ETM、OLI、TIR
获取时间（acquisition_date）	图像获取时间，按年 year(YYYY) 月 month (MM) 日 day (DD) 格式

续表

名称	要求说明
产品名称（product_name）	RTU 产品名称缩略表（表 8）
波段标识（band_id）	波段号。一般为数字，质量标识波段用 QA 标识
版本（Version_id）	产品生产的版本号。V 后面跟 2 位数据表示
扩展名（extension）	元数据与数据文件分别为 xml、tif 格式

表 8　RTU 产品名称缩略表

中文	英文	缩写
正射影像	Digital orthophoto map	DOM
全球一张图	Globe map	Globe M
全国一张图	China map	China M
区域影像图	Regional name image map	区域缩写 +M
星上反射率	Top of atmosphere reflectance	TOA
地表反射率	Land surface reflectance	LSR
星上亮度温度	Top of atmosphere brightness temperature	BT
地表温度	Land surface temperature	LST
归一化差值植被指数	Normalized difference vegetation index	NDVI
增强植被指数	Enhanced vegetation index	EVI
土壤调节植被指数	Soil adjusted vegetation index	SAVI
修正的土壤调节植被指数	Modified soil adjusted vegetation index	MSAVI
归一化燃烧指数	Normalized burnt ratio	NBR
归一化差值水体指数	Normalized difference water index	NDWI
归一化差值湿度指数	Normalized difference moisture index	NDMI
像元质量标识	Pixel quality attribute	QA

8　RTU 地理格网产品

8.1　RTU 地理格网产品的构成

RTU 地理格网产品由元数据、图像数据、质量标识数据构成。

a）元数据（metadata）：描述产品信息；

b）图像数据（image data）：图像实体数据，按照不同波段存储；

c）图像质量标识数据（quality attribute data）：标识图像数据质量，包括无效数据、云、云的阴影、雪、水等信息。

8.2 RTU 地理格网产品的格式

元数据的数据格式为 XML、图像数据和质量标识数据的数据格式 GEOTIFF 或 RAW。

8.3 RTU 地理格网产品的命名规则

影像格网数据产品的名称应由产品名称和扩展名两部分组成，其表现形式为影像格网的编码扩展名。

产品名称要求与 7.2 影像格网编码相同。

示例 1：某点位于 39°55′ N, 116°30′ E，其 UTM 投影 6° 分带带号为 50，横坐标值为 457268.2m，纵坐标值为 4418627.7m。该点在 2016 年 10 月 18 日的 Landsat 8 地表温度百公里格网产品编码为：

3BN44504_L8_OLI_20161018_V01_LST.xml;

3BN44504_L8_OLI_20161018_V01_LST_B1.tif;

3BN44504_L8_OLI_20161018_V01_LST_QA.tif。

8.4 RTU 地理格网产品元数据

RTU 地理格网产品元数据在用于分幅影像元数据的基础上增加有关格网信息。内容见表 9。

表 9　RTU 地理格网产品元数据定义及示例

Item	Parameter Name	Value, Format and Range	Parameter Description/Remarks
0	rtu_metadata	N/A	Heading for rtu-level metadata
1	tile_metadata	N/A	Heading for tile-level metadata
1.1	global_metadata	N/A	Heading for metadata that applies to entire tile
1.1.1	tile_id	地理格网编码 _ 卫星标识 _ 传感器标识 _ 获取时间 _ 版本号 _ 产品名称 NXXXXXX_LX_XX_yyyymmdd_VVV_product	Tile identifier, or file name, that is defined by grid, satellite, sensor, acquisition date, version number, product. Example:N050D44_L5_TM_20151126_V01_LSR
1.1.2	data_provider	CAS RADI	Source of the data and subsequent metadata
1.1.3	satellite	LANDSAT_X	Designates acquisition satellite platform
1.1.4	instrument	TM, ETM, OLI/TIRS	Designates acquisition instrument
1.1.5	rtu_version	VVV	Version number of RTU
1.1.6	acquisition_date	YYYY-MM-DD	Date of data acquisition by satellite
1.1.7	tile_production_date	YYYY-MM-DD	Date of tile creation

续表

Item	Parameter Name	Value, Format and Range	Parameter Description/Remarks
1.1.8	bounding_coordinates	west, east (degrees; -180 to180) north, south (degrees; -90 to 90)	Geographic coordinates (WGS84) of the tile extent, including fill
1.1.9	projection_information	N/A	Heading for map projection information
1.1.9.1	units	meters	UTM is a meters-based projection
1.1.9.2	datum	WGS84	The datum used in creating the image
1.1.9.3	projection	UTM	The projection used in creating the image
1.1.9.4	corner_point_ x y ,location	(Variable)	Corner coordinates for upper-left ("UL") or lower-right ("LR") in grid space
1.1.9.5	grid_origin	corner	Defines origin of pixel (usually "corner" or "center")
1.1.9.6	UTM_proj_params	N/A	Heading for projection-specific parameters
1.1.9.6.1	zone	50	Zone of the UTM projection
1.1.9.6.2	central_meridian	117	Central meridian
1.1.9.6.3	origin_latitude	0.0	Latitude of origin
1.1.9.6.4	false_easting	500 000	False easting
1.1.9.6.5	false_northing	0.0	False northing
1.1.10	grid_id	N050D44	格网代码由四类元素组成，分别为：南北半球代码、投影带号代码、百公里格网代码和坐标格网代码
1.1.11	scene_count	1	Number of scenes within the tile
1.1.12	cloud_cover	6.4918	Percent of cloud pixel(s) occupying non-fill pixels within the tile
1.1.13	cloud_shadow	5.9551	Percent of cloud shadow pixel(s) occupying non-fill pixels within the tile
1.1.14	snow_ice	0.0148	Percent of snow/ice pixel(s) occupying non-fill pixels within the tile
1.1.15	fill	64.9755	Percent of fill pixel(s) occupying the entire tile extent
1.2	bands	N/A	Heading for individual bands within a tile
1.2.1	product	rtu_qa	General product type
1.2.2	source	rtu scene product	—
1.2.3	name	PIXEL_QA	Name of band

续表

Item	Parameter Name	Value, Format and Range	Parameter Description/Remarks
1.2.4	category	qa	Type of data within band
1.2.5	data_type	UINT16	Type of data values within band
1.2.6	fill_value	1	Fill value of band
1.2.7	nsamps	3400	Number of samples in band
1.2.8	nlines	3400	Number of lines in band
1.2.9	short_name	QA	Short name of the band
1.2.10	long_name	Land surface reflectence pixel quality band	Long name of the band
1.2.11	file_name	N050D44_L5_TM_20151126_V01_LSR_QA.tif	Full name of the file
1.2.12	pixel_sizeunits , x, y	meters, 30, 30	Pixel units, size in x and y dimensions
1.2.13	resample_method	none	Resampling method used to transform from scene-level to current level
1.2.14	data_units	quality/feature classification	Description of data units
1.2.15	alid_range max, min	65535.0, 0.0	Maximum and minimum data units
1.2.16	bitmap_description	N/A	Heading of description for individual bits
1.2.16.1	bit num	1, 2, etc.	Number of bit and its description
1.2.17	production_date	2018-03-20T20:35:13Z	Date and Universal Time Code (UTC) time when the data were processed to a tile
2	scene_metadata	N/A	Heading for scene-level metadata
2.1	index	1	Unique index value representing a single Landsat scene, which correlates with tile lineage index band
2.2	global_metadata	N/A	Heading for scene-wide metadata
2.2.1	data_provider	CAS RADI	Provider of the scene-level data
2.2.2	satellite	LANDSAT_5	Satellite from which the data were captured
2.2.3	instrument	TM	Sensor(s) used to capture this scene
2.2.4	acquisition_date	2015-11-26	Date at which the scene was acquired
2.2.5	scene_center_time	02:53:40.3664180Z	UTC time when the center of the scene’s data were captured
2.2.6	Current level_production_date	2017-04-01T14:14:51Z	Time at which the scene was processed from last level to current level

续表

Item	Parameter Name	Value, Format and Range	Parameter Description/Remarks
2.2.7	wrs row, path, system	123, 32, 2	Worldwide Reference System (WRS) row, path index, and WRS system (1 or 2)
2.2.8	scene_id	LC51230322015330LGN02	The unique Landsat scene identifier
2.2.9	product_id	LC05_L1TP_123032_20151126_20170401_01_T1	The unique Landsat product identifier
2.2.10	scene_metadata_file	LC05_L1TP_123032_20151126_20170401_01_T1_MTL.txt	Name of current level metadata file
2.2.11	geometric_rmse_model	9.252	Combined RMSE of the geometric residuals (meters) in both across-track and along-track directions measured on the Ground Control Points (GCPs) used in geometric precision correction; this parameter is only present if the DATA_TYPE is Level 1 Terrain (Corrected) (L1T)
2.2.12	geometric_rmse_model_x	6.262	The TM/ E TM+ post-fit RMSE for the along-track direction, or the OLI / TIRS post-fit RMSE for the across-track direction; units are in meters equal to or greater than zero, with no upper limit, and three decimal places; this parameter is only present if the DATA_TYPE is L1T
2.2.13	geometric_rmse_model_y	6.811	The TM / ETM+ post-fit RMSE for the across-track direction or the OLI / TIRS post-fit RMSE for the along-track direction; units are in meters equal to greater than zero, with no upper limit, and three decimal places; this parameter is only present if the DATA_TYPE is L1T

附录 A、B（略）。

参考文献

IX-ISO. 2005. Geographic information—Schema for coverage geometry and functions, ISO 19123-2005 [S/OL]. https://www.iso.org/standard/40121.html [2020-05-08].

国家质量监督检验检疫总局，中国国家标准化管理委员会 . 2009. GB/T 12409—2009 地理格网 . 北京：中国标准出版社 .

国家市场监督管理总局，中国国家标准化管理委员会 . 2018. GB/T 37151—2018 基于地形图标准分幅的遥感影像产品规范 . 北京：中国标准出版社 .

附录 5　地球大数据工程数据质量情况审核表

数据类别	质量量化元素	质量量化子元素	检查要求	评分等级（优、良、中、差）
遥感数据	数据规范性	数据命名	数据命名要符合命名规范，名称中包含必要的信息	
		数据格式	数据格式符合项目规定，辅助信息文件为 xml 格式	
		数据组织	数据的组织结构，层级关系符合实用规范	
	数据完整性	图像数据	包括类别、分层是否完整，要素是否完整；图像数据本身是完整的，能够用于显示、处理等操作	
		空间信息	图像数据的空间信息是完整的，数据格式中的各种信息都应该存在并有效；空间覆盖范围是否完整，属性是否完整	
		辅助数据	辅助数据文件包含必要的信息，例如 GeoTiff 格式不支持的但是后面数据处理和发布需要的信息	
		分幅	检查是否存在某些幅缺失的情况	
	数据一致性	数据格式	同一份数据是否格式都统一，对于栅格数据分块存储的 Tiff 是否具有相同的分块大小及像素组织方式	
		时间一致性	根据数据的要求，必要时检查数据的获取、生产等时间信息是否一致；检查时间描述符合标准要求且完全一致，绝对时间描述与增量时间描述是否分别一致	
		图属一致性	图形与属性描述是否一致，如 ID、面积、长度及其他属性；对于影像数据，检查同一份影像数据的属性是一致的，包括通道数目，分辨率，传感器等	
		空间一致性	根据数据的要求，必要时检查数据来源是否正确，检查同一要素的空间一致性（如统计、水利的分省边界与基础地理库一致等），不同要素的空间一致性（如成都属于四川省、北京延庆县的边界与北京市边界的一致等），边界一致性（如界河与国界的一致等）	
		元数据的一致性	检查元数据之间和元数据内部的描述基准和语义是否完全一致，包括坐标单位、面积单位、名词使用等。 数据的描述可能包括空间位置、时间、目的等信息，数据本身的内容必须和描述保持一致	
	数据符合性	坐标基准	检查数据是否与设计要求的坐标基准一致。包括大地坐标系参数、投影方式和投影坐标系参数	
		分幅标准	按照设计的分幅标准进行检查，包括：是否按照要求划分图幅、是否按照要求命名图幅、是否按照要求存储图幅数据	
		数据接边	（1）矢量数据：逻辑接边检查相邻图幅的同一要素空间位置是否接合，属性数据是否一致；不同要素是否存在错误匹配现象。物理接边检查是否存在对象连接错误（如不同对象误连接、超限对象误连接等）、是否存在遗漏对象、接边处理是否符合要求（如误差分散等）。 （2）栅格数据：逻辑接边检查是否边界格网完全衔接、接边范围是否符合要求、是否经过平滑处理、变形幅度是否符合要求。物理接边检查图幅之间是否存在缝隙（如 DEM 的异常沟、梁等）、是否存在过度交叠（如断层），数值（如高程）是否基本一致、是否出现跃变的异常点或区等	

续表

数据类别	质量量化元素	质量量化子元素	检查要求	评分等级（优、良、中、差）
遥感数据	数据符合性	分层分类	按照设计的分层分类规范进行检查，包括是否遗漏、是否错位、命名是否规范、是否与包含的要素一致等	
		绝对点位精度	检查把图像点换算成地面坐标后与该点的地面真实位置之间的误差	
		相对点位精度	检查以图像的已知点（已知坐标值）为基准，所量算的像点平面精度和误差值	
		几何分辨率	检查图像的真实分辨率。将已知地物在图像上的尺寸换算成地面尺寸，然后与该地物的实际尺寸对照，确定图像的分辨率	
		云量	使用自动（阈值分割）/人工的方式统计云量以确定图像的质量	
	数据正确性	数据类型	检查数据类型（如是否均为 Float、Double 或 Number 等）	
		数据精度	检查数据存储精度(如整数位和小数位长度)是否与标准规范要求完全一致，数据实际存储精度是否达到了规范要求，数据精度是否达到应用精度的要求	
		数据值域	检查数据是否符合给定的值域约束	
		数据编码	检查数据编码是否完整、是否符合规范、是否在允许的编码表中，应结合给定的对象类型查询编码表进行检查	
	元数据	元数据结构规范性	元数据的组织结构、元数据名称必须和元数据规范相一致	
		内容一致性	元数据的内容要与元数据规范中的内容保持一致，信息要符合数据本身的真实情况	
	总体评价			
属性/文本数据	数据规范性	数据命名	数据命名要符合命名规范，名称中包含必要的信息	
		数据格式	数据格式符合项目规定，辅助信息文件为 xml 格式	
		数据组织	数据的组织结构，层级关系符合实用规范	
	数据完整性	图像数据	包括类别、分层是否完整，要素是否完整；图像数据本身是完整的，能够用于显示、处理等操作	
		空间信息	图像数据的空间信息是完整的，数据格式中的各种信息都应该存在并有效；空间覆盖范围是否完整，属性是否完整	
		辅助数据	辅助数据文件包含必要的信息，如 GeoTIFF 格式不支持的但是后面数据处理和发布需要的信息	
		分幅	检查是否存在某些幅缺失的情况	

续表

数据类别	质量量化元素	质量量化子元素	检查要求	评分等级（优、良、中、差）
属性/文本数据	数据一致性	数据格式	同一份数据是否格式都统一，对于栅格数据分块存储的 TIFF 是否具有相同的分块大小及像素组织方式	
		时间一致性	根据数据的要求，必要时检查数据的获取、生产等时间信息是否一致；检查时间描述符合标准要求且完全一致，绝对时间描述与增量时间描述是否分别一致	
		图属一致性	图形与属性描述是否一致，如 ID、面积、长度及其他属性；对于影像数据，检查同一份影像数据的属性是一致的，包括通道数目、分辨率、传感器等	
		空间一致性	根据数据的要求，必要时检查数据来源是否正确，检查同一要素的空间一致性（如统计水利的分省边界与基础地理库一致等），不同要素的空间一致性（如成都属于四川省、北京延庆县的边界与北京市边界的一致等），边界一致性（如界河与国界的一致等）	
		元数据的一致性	检查元数据之间和元数据内部的描述基准和语义是否完全一致，包括坐标单位、面积单位、名词使用等；数据的描述可能包括空间位置、时间、目的等信息，数据本身的内容必须和描述保持一致	
	数据符合性	坐标基准	检查数据是否与设计要求的坐标基准一致，包括大地坐标系参数、投影方式和投影坐标系参数	
		分幅标准	按照设计的分幅标准进行检查，包括是否按照要求划分图幅、是否按照要求命名图幅、是否按照要求存储图幅数据	
		数据接边	（1）矢量数据：逻辑接边检查相邻图幅的同一要素空间位置是否接合，属性数据是否一致；不同要素是否存在错误匹配现象。物理接边检查是否存在对象连接错误（如不同对象误连接、超限对象误连接等）、是否存在遗漏对象、接边处理是否符合要求（如误差分散等）。 （2）栅格数据：逻辑接边检查是否边界格网完全衔接、接边范围是否符合要求、是否经过平滑处理、变形幅度是否符合要求。物理接边检查图幅之间是否存在缝隙（如 DEM 的异常沟、梁等），是否存在过度交叠（如断层），数值（如高程）是否基本一致、是否出现跃变的异常点或区等	
		分层分类	按照设计的分层分类规范进行检查，包括是否遗漏、是否错位、命名是否规范、是否与包含的要素一致等	
		绝对点位精度	检查把图像点换算成地面坐标后与该点的地面真实位置之间的误差	
		相对点位精度	检查以图像的已知点（已知坐标值）为基准，所量算的像点平面精度和误差值	
		几何分辨率	检查图像的真实分辨率。将已知地物在图像上的尺寸换算成地面尺寸，然后与该地物的实际尺寸对照，确定图像的分辨率	
		云量	使用自动（阈值分割）/人工的方式统计云量以确定图像的质量	
	数据正确性	数据类型	检查数据类型（如是否均为 Float、Double 或 Number 等）	
		数据精度	检查数据存储精度（如整数位和小数位长度）是否与标准规范要求完全一致，数据实际存储精度是否达到了规范要求，数据精度是否达到应用精度的要求	

续表

数据类别	质量量化元素	质量量化子元素	检查要求	评分等级（优、良、中、差）
属性/文本数据	数据正确性	数据值域	检查数据是否符合给定的值域约束	
		数据编码	检查数据编码是否完整、是否符合规范、是否在允许的编码表中，应结合给定的对象类型查询编码表进行检查	
	元数据	元数据结构规范性	元数据的组织结构、元数据名称必须和元数据规范相一致	
		内容一致性	元数据的内容要与元数据规范中的内容保持一致，信息要符合数据本身的真实情况	
	总体评价			

附录 6　地球大数据科学工程专项简介

中国科学院 A 类战略性先导科技专项“地球大数据科学工程”（“地球大数据”专项）于 2018 年 1 月 1 日正式立项，执行期 5 年。专项汇集了中国科学院及国内外众多单位的优势资源，致力于构建包含资源、环境、生物、生态等多个领域的大数据与云服务共享平台，重点开展数字一带一路、全景美丽中国、生物多样性与生态安全、三维信息海洋和时空三极环境等方面的基础与应用研究，建设国际领先的数字地球科学平台，推动地球大数据领域的技术创新与地球系统科学的重大突破和科学发现，实现全方位宏观决策支持和社会公众知识传播服务，为“一带一路”、“数字中国”、人类命运共同体和联合国可持续发展目标等国内外重大战略提供科技支撑和决策支持（图 1）。

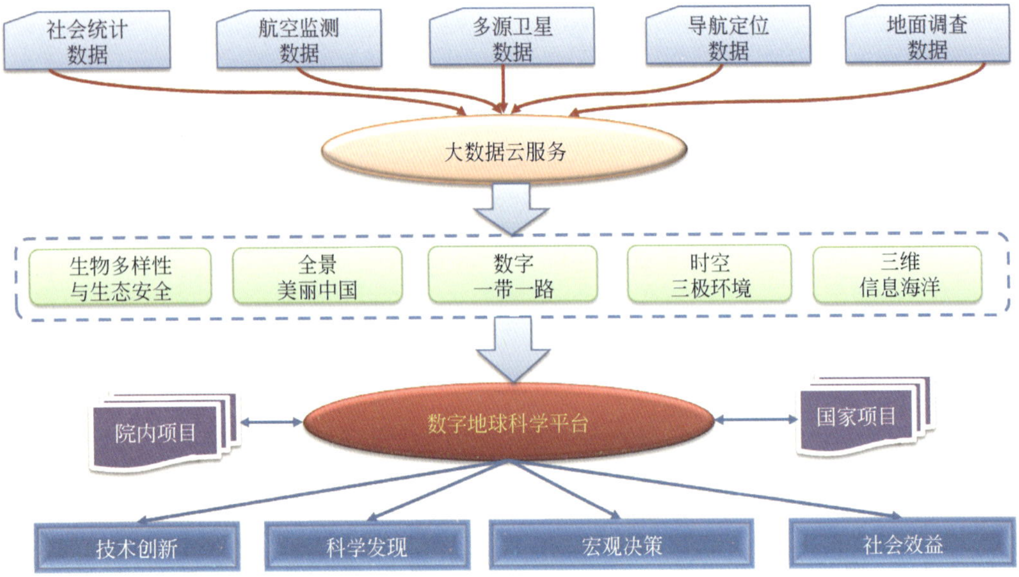

图 1　地球大数据科学工程总体框架图

总体目标：建成国际地球大数据科学中心

◆构建全球领先的地球大数据基础设施：突破数据开放共享的瓶颈问题，实现资源、环境、生物、生态等领域分散的数据、模型与服务等的全面集成。

◆形成国际一流的地球大数据学科驱动平台：探索大数据驱动、多学科融合的科学发现新范式，示范带动地球系统科学、生命科学及相关学科的重大突破。

◆构建服务政府高层的决策支持系统：全景展示和动态推演“一带一路”可持续发展过程与态势，实现对全景美丽中国的精准评价与决策支持，为构建数字中国做贡献。